石油百科（开发）

测 井 工 程

主　编：范宜仁

副主编：张福明　张　锋　邓少贵

石油工业出版社

图书在版编目（CIP）数据

石油百科 . 开发 . 测井工程 / 范宜仁主编 . —北京：
石油工业出版社，2023.12
ISBN 978-7-5183-6324-7

Ⅰ . ① 石… Ⅱ . ① 范… Ⅲ . ① 石油开采 – 基本知识
② 油气测井 – 基本知识 Ⅳ . ① TE

中国国家版本馆 CIP 数据核字（2023）第 169714 号

石油百科（开发）· 测井工程
Shiyou Baike（Kaifa）· Cejing Gongcheng

出版发行 : 石油工业出版社
　　　　　（北京安定门外安华里 2 区 1 号　　100011）
　　　　　网　　址 : www.petropub.com
　　　　　编辑部 :（010）64523583　　图书营销中心 :（010）64523633
经　　销 : 全国新华书店
印　　刷 : 北京中石油彩色印刷有限责任公司

2023 年 12 月第 1 版　　2023 年 12 月第 1 次印刷
710×1000 毫米　开本 : 1/16　印张 : 12.5
字数 : 230 千字

定价 : 80.00 元
（如出现印装质量问题，我社图书营销中心负责调换）

能源安全是关系国家经济社会发展的全局性、战略性问题，对国家繁荣发展、人民生活改善、社会长治久安至关重要。党的十八大以来，习近平总书记提出"四个革命、一个合作"能源安全新战略，为我国新时代能源发展指明了方向，开辟了能源高质量发展的新道路。

能源是国家经济、社会可持续发展最重要的物质基础之一，当前全球能源发展处于从化石能源向低碳的可再生能源及无碳的自然能源快速转变的过渡期，能源结构呈现出"传统能源清洁化，低碳能源规模化，能源供应多元化，终端用能高效化，能源系统智能化，技术变革全面化"的总体趋势。尽管如此，油气资源仍是影响国家能源安全最敏感的战略资源。随着我国经济快速发展，油气对外依存度不断加大，2021 年已分别达到 72.2% 和 46.0%。因此，大力提升油气勘探开发力度和加强天然气产供储销体系建设，关系到国家能源安全和经济社会稳定发展大局，任务艰巨、责任重大。

近年来，随着油气勘探开发理论与技术的进步，全球油气勘探开发领域逐渐呈现出向深水、深层、非常规、北极等新区、新领域转移的趋势。中国重点含油气盆地面临着勘探深度加大、目标更为隐蔽、储层物性更差、开发工程技术难度增加等诸多挑战。因此，适时地分析总结我国在油气勘探、开发和工程技术等方面的新理论、新技术、新材料以及新装备等，并以通俗易懂的百科条目形式使之广泛传播，对于提升广大石油员工科学素养、促进石油科技文化交流、突破油气勘探开发关键技术瓶颈等方面意义重大。《石油百科（开发）》共 10 个分册，是在 2008 年出版的《中国石油勘探开发百科全书》基础上，通过 100 多位专家学者的共同努力，按照《开发地质》《油气藏工程》《钻完井工程》《采油采气工程》《试井工程》《试油工程》《测井工程》《储层改造》《井下作业》和《油气储运工程》10 个专业领域分册，对油气勘探开发理论、技术、工程等方面进行了更加全面细致的梳理总结，知识体系更加完整细化，条目数量大幅度增加，并适当调整了原有条目内容和纂写形式，进一步完善并总结了当前在非常规与深水深地油气等储层勘探开发新进展，增加了更多的原理或示意插图，使词条描述更加清晰易懂，提高了词条描述的准确性与可读性，拓宽了百科全书读者范围，充分满足了基层石油工人、工程技术人员、科研人员以及非石油行业读者的查阅需要。《石油百科（开发）》的编纂出版，提升了《全书》内容广泛性与实用性，搭建了石油科技文化交流平台，推动了油气勘探开发技术创新，是我国石油工业进入勘探开发瓶颈期的一项标志性石油出版工程，影响深远。

当前，我国油气资源勘探开发研究虽取得了重大进展，但与国外先进水平仍有一定差距。习近平总书记站在党和国家前途命运的战略高度，做出大力提升油气勘探开发力度、保障国家能源安全的重要批示，为我国石油工业的发展指明了方向。我们要高举中国特色社会主义伟大旗帜，继承与发扬石油工业优良传统，坚持自主创新、勇于探索、奋发有为，突破我国石油勘探开发领域"卡脖子"的技术难题，为实现中华民族伟大复兴中国梦贡献更大的石油力量。中国的石油工业任重而道远，这套《石油百科（开发）》的出版必将对中国石油工业的可持续发展起到积极的推动作用。

中国工程院院士　胡文瑞

　　《中国石油勘探开发百科全书》（包括综合卷、勘探卷、开发卷和工程卷，简称《全书》）于 2008 年出版发行，《全书》出版后深受读者欢迎，并且收到不少读者的反馈意见。石油工业出版社根据读者的反馈意见以及考虑到《全书》已出版十几年，随着油气勘探开发理论与技术不断创新、发展，涌现了大量的新理论、新技术、新材料以及新装备，经过调研以及和有关专家研讨后决定在《全书》的基础上按专业独立成册的方式编纂《石油百科（开发）》。

　　《石油百科（开发）》包括《开发地质》《油气藏工程》《钻完井工程》《采油采气工程》《试井工程》《试油工程》《测井工程》《储层改造》《井下作业》和《油气储运工程》10 个分册，总计约 6500 条条目，主要以《全书》工程卷和开发卷为基础编纂而成。和《全书》相比，《石油百科（开发）》具有如下特点：《石油百科（开发）》每个专业独立成册，做到专业针对性更强；《全书》受篇幅限制只选录主要条目，而《石油百科（开发）》增补了大量条目（增加一倍以上），尽量做到能够满足读者查阅需求，实用性更强；《石油百科（开发）》增加了大量的图表，以增加阅读性；有针对性地增加了非常规、深水深地以及极地油气等难动用储层勘探开发理论与技术的条目。

　　百科全书的组织编纂是一项浩繁的工作。2016 年 11 月，石油工业出版社在山东青岛中国石油大学（华东）组织召开了《石油百科（开发）》编纂启动会，成立了由 30 多位专家教授组成的编委会，全面展开《石油百科（开发）》编纂工作。为了使《石油百科（开发）》的撰写、审稿和编辑加工能按统一标准规范进行，石油工业出版社组织编印了《石油百科编写细则》，之后又先后编印了《石油百科编写注意事项》《石油百科·编辑要求》，推动了各分册工作的顺利进行。

　　《石油百科（开发）》由中国石油大学（华东）蒲春生教授牵头，由陈明强、何利民、李明忠、廖锐全、范宜仁、步玉环、国景星、尹洪军教授分别担任 10 个分册的主编。在编纂过程中，采取主编责任制，每个分册主编挑选 3~4 名参编人员作为分册副主编，组成编写小组。2017—2020 年期间，编委会每年定期召开两次编审讨论会，对《石油百科（开发）》各分册的阶段初稿进行研讨，及时解决撰写过程中遇到的困惑和难点，使《石油百科（开发）》的编纂工作得以顺利进行。经过全体编写人员的共同努力和辛勤工作，于 2020 年 6 月完成了《石油百科（开发）》的初稿，并由石油工业出版社责任编辑进行了初审，专家组成员对《石油百科（开发）》初稿进行了仔细、认真地审阅，并提出了许多十分宝贵的修改意见和指导性建议。在此基础上，结合专家审阅意见，各分册编写小组进行了最后修改完善与提升，陆续完成了《石油百科（开发）》终稿，编纂经历了近 4 年时间。

为了确保条目的准确性和权威性，由中国科学院和中国工程院石油勘探、开发、工程方面的院士及资深专家组成《石油百科（开发）》专家组，对《石油百科（开发）》各分册框架及条目进行了认真的审核，在此表示诚挚的谢意！

《石油百科（开发）》涉及内容广泛，参加编写人员众多，疏漏之处在所难免，敬请读者批评指正。

《石油百科（开发）》编委会

凡　例

1.《石油百科（开发）》是在《中国石油勘探开发百科全书》（简称《全书》）开发卷和工程卷的基础上编纂而成，增加了大量条目和对原来条目进行修改完善。

2.《石油百科（开发）》按专业独立成册，包括《开发地质》《油气藏工程》《钻完井工程》《采油采气工程》《试井工程》《试油工程》《测井工程》《储层改造》《井下作业》和《油气储运工程》10 个分册。分册之间的交叉条目，在不同分册各自保留，释文侧重本专业内容。

3. 条目按照学科知识体系分类排列，正文后面附有条目汉语拼音索引。条目是本书的主体，是供读者查阅的基本单元，可以通过"条目分类目录"和"条目汉语拼音索引"进行查阅。

4. 条目一般由条目标题（简称条头）、与条头对应的英文、条目释文、相应的图表和作者署名等组成。有些条目提供了推荐书目，读者可以进一步阅读相关内容。

5. 作者署名原则为：完全采用《全书》的条目其署名为原条目作者；对《全书》条目修改的其署名为原条目作者和修改作者；新增加条目其署名为条目撰写作者。

6. 条目内容涉及其他条目，或与其他条目互为补充时，本书提供了"参见"方式，在正文中用蓝色楷体标出，方便读者查阅相关知识。

7. 当一个条目有多种叫法时，在正文中用"又称 ××"表示，并用斜体标出。又称条目收录到"条目汉语拼音索引"中，并且用楷体加"*"标出。

总 目 录

条目分类目录

测井基础

测井方法

测井资料处理解释

生产测井

测井仪器与设备

测井基础

【岩石孔隙度 rock porosity】 岩石孔隙体积占岩石总体积的百分数，是表征储层储集能力相对大小的基本参数。测井中常用的孔隙度概念有总孔隙度、有效孔隙度、缝洞孔隙度和残余孔隙度。

总孔隙度为全部孔隙体积占岩石体积的百分数；有效孔隙度为具有储集性质的有效孔隙体积占岩石总体积的百分数；缝洞孔隙度为有效缝洞孔隙体积占岩石总体积的百分数，是表征裂缝性储层储集物性的重要参数（因为缝洞是岩石次生变化形成的，故常称为次生孔隙度或次生孔隙指数）；残余孔隙度为岩石中的无效孔隙或"死孔隙"体积（即互不连通的孔隙及微毛细管的体积）占岩石总体积的百分数。

（范宜仁　葛新民）

【岩石渗透率 rock permeability】 在一定压差下岩石允许流体通过的能力，岩石渗透性能的定量表征参数，决定油气藏能否形成和油气层产能的大小。岩层孔隙中不可压缩流体在一定压差条件下发生的流动可用达西定律描述，即单位时间内流体通过岩石的体积流量与两截面压差和截面积成正比，与流体黏度和多孔介质两截面距离成反比。达西定律只适用层流及流体与岩石无相互作用的情况。达西定律用公式可以表示为：

$$Q = K \frac{A\Delta p}{\mu L}$$

式中：Q 为在压差 Δp 下通过岩石的流量；A 为岩石的截面面积；L 为岩石长度；μ 为实验所用流体的黏度；Δp 为流体通过岩石前后的压力差；K 为岩石的渗透率。

当有多种流体（如油和水）同时通过岩样时，不同的流体有不同的渗透率。通常用绝对渗透率、有效渗透率和相对渗透率来区分。

绝对渗透率：岩石孔隙中只有一种流体时测量的渗透率。绝对渗透率仅取决于多孔介质的孔隙结构，与流体或孔隙介质的外部几何尺寸无关，是岩石本身固有的属性。

有效渗透率：当岩石孔隙中存在两种及以上流体时，对其中一种流体测量的渗透率，也称相渗透率。它不仅与岩石本身性质有关，而且与流体相对含量、流体性质、各流体之间的相互作用，以及流体与岩石的相互作用有关。

相对渗透率：当岩石中有多种流体共存时，每一种流体的有效渗透率与绝对渗透率的比值，以小数或百分数表示。

（范宜仁　葛新民）

【流体饱和度 fluid saturation】 某种流体（油、气或水）所充填的孔隙体积占全部孔隙体积的百分数，用来表示岩石孔隙空间所含流体的性质及其含量。根据流体性质，可具体分为以下几个参数：

含水饱和度 岩石含水孔隙体积占孔隙体积的百分数，用 S_w 表示。岩石孔隙总是含有地层水的，其中被吸附在岩石颗粒表面的薄膜水和无效孔隙及狭窄孔隙喉道中的毛细管滞留水，在自然条件下不能自由流动，称为束缚水。而离颗粒表面较远，在一定压差下可以流动的地层水，称为可动水或自由水，相应地其饱和度分别称为束缚水饱和度和可动水饱和度，分别用 S_{wb} 和 S_{wm} 表示。

含油气饱和度 岩石含油气孔隙体积占孔隙体积的百分数，用 S_h 表示，且 $S_h+S_w=100\%$。当地层只含油时，用 S_o 表示含油饱和度，且 $S_w+S_o=100\%$；当地层只含气时，用 S_g 表示含气饱和度，且 $S_g+S_w=100\%$。地层条件下的石油一般含有溶解气，故常用含油气饱和度表示，它又常简称为含油饱和度或含烃饱和度。

（范宜仁　葛新民）

【储层厚度 resevoir thickness】 储层顶底界面之间的厚度。用岩性变化（如砂岩到泥岩或碳酸盐岩到泥岩）或孔隙性与渗透性的显著变化（如巨厚致密碳酸盐岩中的裂缝带）来划分储层的界面。在油气储量计算中，通常用油气层有效厚度，它是指在当前经济技术条件下能够采出工业性油气流的油气层实际厚度，即符合油气层表征的储层厚度扣除不合标准的夹层（如泥质夹层或致密夹层）剩下的厚度。

（范宜仁　葛新民）

【岩石电学性质 rock electrical property】 在外加直流或交流电场作用下，岩石呈现出的电导率、电容率和介电常数等电学参数的变化，它们与岩石孔隙度、流体饱和度、岩石的温度和压力等密切相关，是用于识别地层岩性、岩石孔隙中的流体性质和定量计算流体饱和度的重要手段。表征岩石电学性质的主要参数有岩石电阻率、岩石相对介电常数和岩石阳离子交换容量等。

岩石电阻率　岩石本身的电学性质，仅与岩石的岩性及孔隙中流体的性质有关，而与岩石的长度、横截面积和几何形状无关。此外，岩石电阻率与温度、压力、磁场等外界因素有关。根据普通物理学可知，对于均匀材料制成的形状规则的岩石，电阻率可以表示为：

$$R = \rho \frac{S}{L}$$

式中：ρ 为岩石的电阻；S 为岩石的横截面积；L 为岩石的长度。

岩石相对介电常数　衡量岩石在电场下的极化行为或储存电荷能力的参数。岩石在外加电场存在时会产生感应电荷而削弱电场，岩石中的电场减小与原外加电场（真空中）的比值即为相对介电常数，与频率有关。

岩石阳离子交换容量　每单位质量干岩样含有的可交换阳离子量，用符号 CEC 表示，通常实验室以每 100g 干岩样中含有的可交换阳离子数表示，其单位为 mmol/100g 干岩样；也可以每克岩样中含有的可交换阳离子量表示，单位为 mmol/g 干岩样。在测井解释中用 Q_v 表示，为每单位总孔隙体积中含有的可交换钠离子的摩尔数，单位为 mol/L 或 mmol/cm^3。Q_v 与 CEC 的关系可表示为：

$$Q_v = \frac{\mathrm{CEC}\left(1-\phi_t\right)}{\phi_t} \rho_G$$

式中：Q_v 为岩石阳离子交换容量，mmol/cm^3；CEC 为岩石阳离子交换容量，mmol/g 干岩样；ϕ_t 为泥质砂岩的总孔隙度；ρ_G 为岩石的平均颗粒密度，g/cm^3。

（范宜仁）

【岩石声波速度 acoustic velocity of rock 】 声波在岩石中的传播速度，与岩石的弹性和密度有关。根据振动在介质中传播形式，声波可分为纵波和横波。在岩石中，纵波的传播速度要大于横波。纵波的传播方向与质点振动方向一致；横波的传播方向与质点振动方向垂直。

（范宜仁）

【岩石润湿性 rock wettability 】 当存在非混相流体的情况下，某种液体延伸或附着在固体表面的倾向性，表征液体在分子作用下在岩石表面的流散现象，取决于岩石—流体及流体之间的界面张力和极性物质在岩石表面的吸附性等。润湿性的测量方法主要有接触角法和自吸法等。

（范宜仁　葛新民）

【岩石力学性质 rock mechanical property 】　岩石在应力作用下表现的弹性、塑性、弹塑性、流变性、脆性、韧性、发热等力学性质。由于岩石的组分、结构和形成的年代各异，它们的应力—应变关系、变形条件或破裂条件等各不相同。岩石的力学性质还受时间、温度、湿度、围压、加力的方式和快慢、变形的历史，以及岩石所处的周围介质等因素的影响。

　　岩石弹塑性　岩石的一种变形特性，这一特性常与受力状态和所处的环境有关。

　　岩石流变性　岩石的蠕变、应力松弛、与时间有关的扩容，以及强度的时间效应等特性。

　　岩石脆性　岩石受力破坏时所表现出的一种固有性质，表现为岩石在宏观破裂前发生很小的应变，破裂时全部以弹性能的形式释放出来。

　　岩石韧性　岩石抵抗裂纹扩展的能力。

（范宜仁　葛新民）

【岩石弛豫 rock relaxation 】　岩石中的原子核在某一个渐变物理过程中，从某一个状态逐渐地恢复到平衡态的过程。在外加射频脉冲的作用下，原子核发生核磁共振达到稳定的高能态后，从外加的射频一消失开始，到恢复至发生核磁共振前的磁矩状态为止，这整个过程叫弛豫过程。弛豫可分为纵向弛豫和横向弛豫，它们所需的时间分别称为纵向弛豫时间和横向弛豫时间。

　　纵向弛豫　z 方向的纵向分量 M_z 向初始磁化量 M_0 恢复的过程，所经历的时间称为纵向弛豫时间或自旋晶格弛豫时间，用 T_1 表示。

　　横向弛豫　M_0 分解成 xy 平面的分量（横向分量 M_x 与 M_y）和 z 方向的分量（M_z）。xy 平面的横向分量向数值为零的初始状态恢复的过程称为横向弛豫过程，所经历的时间称为横向弛豫时间或自旋弛豫时间，用 T_2 表示。

（范宜仁　葛新民）

【测井岩石物理实验 well logging petrophysical experiment 】　在测井岩石物理研究中为获取岩石样品的岩性、物性、孔隙流体等与电磁学、声学、核物理学、力学等物理性质及其关系而采取的科学研究实验。主要包括物性测量实验、电学及电化学实验、核磁共振测量实验、声波波速测量实验、毛细管压力实验和自然伽马及伽马能谱实验等。

起源　1942年，阿尔奇在美国《石油工艺》杂志上发表了《作为确定某些储层特性辅助手段的电阻率测井》论文，奠定了测井岩石物理实验和地层评价的基础，建立了电法测井与非电法测井之间的联系。阿尔奇在实验室对大量砂岩样品进行测量，首次提出测井解释中两个最基本的解释关系式，即阿尔奇公式，这就是测井岩石物理实验的起源。

方法　根据测井需求，采集井下或露头的岩石样品，通过专门的实验仪器在特定条件下，按照操作规程开展相关的参数测量，获得各种数据，并进行处理与分析，结合岩石物理模型和测井响应机理，建立相关的地层评价模型。

发展趋势　主要包括：（1）计算机断层扫描（CT）等三维高分辨率成像表征技术将起着十分重要的作用，是致密油气、页岩油气等非常规储层微纳米级孔隙空间刻画的重要手段；（2）全直径或更大尺度的多参数联测实验将成为非均质储层测井精细评价的必然选择；（3）基于测井仪器和地层模型进行等比例缩小的测井实验测量将是明确地层测井响应机理的重要途径；（4）核磁共振实验等能直接探测孔隙流体的测量方法在实验中将发挥着更加独特的优势；（5）实验条件尽可能接近地层条件（温度、压力及半渗透隔板条件下驱替），以保证实验结果逼近地层真实情况。

📖 推荐书目

何更生.油层物理［M］.北京：石油工业出版社，2011.

雍世和，张超谟.测井数据处理与综合解释［M］.东营：中国石油大学出版社，2007.

（范宜仁　葛新民）

【岩电实验 rock electric experiment】　通过测量岩石的孔隙度、饱和度和电阻率等参数来确定岩石导电特性的实验。特指确定阿尔奇公式中的关键参数的相关实验，是利用测井信息计算地层含油气饱和度的重要基础。

阿尔奇公式　阿尔奇于1942年针对具有粒间孔隙含水纯砂岩和含油气纯砂岩，建立了地层因素、地层电阻率指数、孔隙度、含水饱和度与电阻率之间的关系式：

$$F=R_0/R_w=a/\phi^m$$

$$I=R_t/R_0=b/S_w^n$$

式中：R_0 为100%饱和地层水的岩石电阻率；R_w 为地层水电阻率；R_t 为地层真电阻率；ϕ 为岩石有效孔隙度；S_w 为岩石含水饱和度；F 为地层电阻率因子，定义为100%饱和地层水的岩石电阻率（R_0）与该地层水的电阻率（R_w）的比值；

I 为地层电阻率指数或地层电阻增大系数，定义为含油气纯岩石电阻率（R_t）与该岩石 80% 含水时的电阻率（R_0）的比值；a 为岩性系数，一般为 0.6～1.5；b 为岩性系数，一般接近于 1；m 为胶结指数，随岩石胶结程度不同而变化，变化范围 1.5～3；n 为饱和度指数，大多数接近于 2。

实验流程　岩电实验主要包含岩样选取和制备、岩样孔隙度测量、盐水溶液的配制及电阻率测量、岩样抽空及加压饱和、完全含水岩样的电阻率测量、不同含水饱和度岩样的电阻率测量等。最终得到岩样孔隙度、岩石完全含水时的电阻率、地层水电阻率、不同含水饱和度下岩石的电阻率等参数，并通过实验数据分析，得到岩电参数。

（1）岩样选取和制备：参考储层岩性、物性及测井响应特征，选取代表性岩样。钻取、切割岩样，并磨平岩样端面。经过洗油、洗盐、烘干等岩心预处理步骤后，将岩样放入干燥器皿中备存。

（2）岩样孔隙度测量：计算岩样的直径、长度，计算岩样总体积，使用气体孔隙度仪器测量岩样孔隙体积，并计算岩样孔隙度。

（3）盐水溶液的配制及电阻率测量：盐水溶液的配制方法有两种：一种为等效 NaCl 溶液，该方法根据溶液矿化度及容积计算所需 NaCl 的质量，并配制成相应矿化度的等效 NaCl 溶液；另外一种为按离子成分配制的模拟地层水溶液，该方法根据水分析资料选择化学试剂，依次确定选用盐的质量，并配制成相应矿化度的模拟地层水溶液。

（4）岩样抽空及加压饱和：将饱和用盐水连续抽真空 2h 以上，直至装有盐水的容器内的压力降至约 –0.1MPa，继续抽真空 1h 后停止。将装有岩样的岩样室连续抽真空 3～4h，岩样室内压力降为 –0.1MPa，继续抽真空 2～4h。打开溶液室与岩样室之间的阀门使地层水溶液进入岩样室中，同时继续抽真空，直至盐水浸过样品，继续抽真空 1h 后停止。在不损坏岩样的前提下施加 5～20MPa 的饱和压力，持续 1～2 天。饱和完成后取出样品，在配制溶液中浸泡备存。由于盐水和氦气在物理性质上的差异，气体孔隙度与饱和水法孔隙度会有一定的差异，若这两相差在 1.5% 之内可认为近于完全饱和。

（5）完全含水岩样电阻率测量：实验室岩样电阻率测量主要采用二极法和四极法。二极法的供电和测量共用一对电极，电极位于样品两端，装置简单，缺点是容易受到接触电阻和端面效应的影响；四极法的供电电极位于样品两端，测量电极位于样品中部，克服了二极法的缺点。

（6）不同含水饱和度的岩石电阻率测量：岩电实验中，为了得到不同含水饱和度下的岩石电阻率，需要采用特殊的方法来降低岩样中的含水饱和度。降饱和度主要有离心法、半渗透隔板法、驱替法等。通过上述方法逐渐降低含水饱和度，直至岩样达到束缚水状态，依次记录排除盐水的体积和岩样电阻率，并计算此时岩样含水饱和度，得到不同含水饱和度下岩样的电阻率。

① 离心法主要测试装置有离心机、电子天平、常温常压岩心夹持器及阻抗分析仪等。驱替介质可以是空气、原油和模拟油。在测量完饱和盐水的岩样的电阻后，将岩样取出放入离心机，选择空气（原油或模拟油）作为驱替介质，根据岩样的孔隙度和渗透率，逐渐增加离心机转速并测量各转速点的电阻和岩心重量，直至岩样达到束缚水状态。依次记录气体（原油或模拟油）排出盐水的体积和电阻率，并转换成含水饱和度和电阻率。

② 半渗透隔板法主要测试装置包括毛细管压力控制单元、温度压力控制系统、亲水半渗透隔板，氮气、夹持器系统及阻抗分析仪等。半渗透隔板材料一般为陶瓷、玻璃、粉末金属烧结板等。在盐水流出端放置饱和盐水的亲水半渗透隔板，将岩样放入夹持器，在盐水流出端注入盐水，使盐水充满出口端管汇空间，记录计量管中盐水的体积。按照实验要求选择驱替介质，待驱替介质充满入口端管汇空间后，关闭入口端阀门。根据要求施加温度和压力，待温度和压力稳定后，记录计量管中盐水的体积，测量其电阻，转换成电阻率和含水饱和度。实验的最大驱替压力不得高于半渗透隔板的突破压力，压力点的变化一般不少于 7 个。

③ 驱替法主要测试装置有驱替泵、刻度计量管、高温高压夹持器及阻抗分析仪。驱替介质主要为空气、原油或模拟油。用气体排出管道中的残余液体后，将饱和盐水的岩样放入高温高压夹持器，施加实验压力和温度，测量岩石的电阻。按照实验要求，选用驱替介质，将驱替介质充满入口端管汇空间，根据被测岩样的孔渗大小由低向高逐级增大驱替压力，每个压力点的流压稳定后，关闭流压开关，待岩样电阻稳定后记录电阻和刻度计量管中的盐水体积，并将其转换成电阻率和含水饱和度。一般来说，驱替压力变化不少于 7 个压力点。

④ 数据分析 F 取决于岩性、孔隙度、胶结情况，在双对数坐标下，与孔隙度 ϕ 一般为线性关系。地层电阻率指数 I 取决于岩性、含水饱和度及流体分布状，在双对数坐标下，地层电阻率指数与含水饱和度一般为线性关系。对来自同一层组的多块岩样，在双对数坐标下，绘制地层电阻率因子与孔隙度的交会图、地层电阻率指数与含水饱和度的交会图。用幂函数拟合地层电阻率因子与孔隙度曲线、地层电阻率指数与含水饱和度曲线，得到 a、b 及 m、n。

📖 推荐书目

雍世和，张超谟．测井数据处理与综合解释 ［M］．东营：中国石油大学出版社，2007．

（范宜仁　葛新民）

【孔隙度测量实验 porosity measurement experiment 】 通过直接或间接方法测量岩样总体积、颗粒体积或孔隙体积，并计算岩样孔隙度的实验方法。实验室一般先对岩样的总体积、颗粒体积或孔隙体积进行测量，再通过孔隙度的定义计算得到孔隙度。计算公式如下：

$$\phi = \frac{V_p}{V_t} = \frac{V_t - V_s}{V_t} = \frac{V_p}{V_p + V_s}$$

式中：V_p、V_s 和 V_t 分别为岩样的孔隙体积、颗粒体积和总体积。

岩石总体积测量 确定岩样的孔隙度时需要测定岩样的总体积。可以采用阿基米德浸没法和卡尺测量法测定柱塞岩样的总体积，也可以通过直接测量颗粒体积与孔隙体积求和计算。选择用于测量孔隙度的岩样总体积最好在 $10cm^3$ 以上。通常，岩样直径为 2.54～3.81cm，长度至少为 2.54cm 的正圆柱形。如果不能取得规则尺寸的岩样，采取适当的措施，也可以选用不规则的岩样。

（1）阿基米德浸没法。把一个完全饱和液体的岩样浸没在液体中，计量放在饱和液体里的岩样受到的浮力，等于排开液体的重量，再除以液体的密度，得到岩样的总体积。所用到的仪器有高精度天平（精确到1mg）、细金属丝吊篮、液体容器和温度计。实验步骤如下：① 用已知密度的液体，如无伤害的盐水、轻质精制油或高沸点的溶剂饱和岩样。将孔隙空间抽真空，注入饱和液，施加压力，样品彻底地被液体百分百地饱和。小心地把多余的液体从岩样表面除去（避免颗粒掉落），将饱和的岩样在空气中称量。在除去岩样表面多余的液体时要特别小心，确保不会除去岩样表面孔隙中的液体。要避免使用由于毛细管作用从岩样表面孔隙中吸走液体的材料（如干毛巾），也要避免用如猛烈摇动的机械方法来除去岩样表面的多余液体。② 将烧杯装满饱和液，把金属丝（最大直径1mm）吊篮连接到系在天平的吊环上，浸没到液体以下的基准标记处，天平扣除皮重。把岩样放入吊篮中，浸没到基准标记处，得到岩样的浸没质量。③ 将饱和岩样在空气中的初始质量减去浸没质量，除以饱和液的密度，即可计算得到岩样的总体积。

（2）卡尺测量法。正圆柱形或其他规则形状的岩样可以用卡尺测量，得到总体积。用一个最小分度值为 0.002cm 的千分尺或游标卡尺，测量岩样的长度和直径，采用适当的公式求得总体积。该方法分析过程迅速，不会损坏样品。测量长度和直径时，至少要测量 5 个不同的位置，以减小不规则形状的影响，中和掉小的偏差。

（3）岩石颗粒测量方法。根据波义耳定律，当温度为常数时一定质量的理想气体的体积与绝对压力成反比。测量颗粒体积的仪器由两个相连的已知体积的岩心室和标准室组成（见图1）。在恒定温度下，岩心室体积一定，放入岩心室岩样的体积越小，则岩心室中气体所占的体积越大，与标准室连通后，平衡压力就越低；反之，当放入岩心室内的岩样体积越大，平衡压力越高。实验步骤如下：① 首先校正孔隙度仪，得到岩心室体积和标准室体积。② 把岩样放入岩心室中，并将心室关闭密封。③ 关闭样品阀及放空阀，开气源阀和供气阀。调节调压阀，将标准室气体压力调至某一值。待压力稳定后，关闭供气阀，并记录标准室气体压力。④ 开样品阀，气体膨胀到岩心室，待压力稳定后，记录平衡压力。⑤ 打开放空阀，并将岩心取出。⑥ 依据波义耳定律计算岩样的颗粒体积。

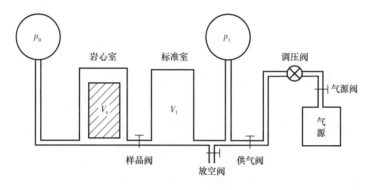

图 1　孔隙度气测法仪器示意图

岩石孔隙测量　有波义耳单室法和液体饱和法两种。

（1）波义耳单室法的基本原理为波义耳定律，主要装置包括一个可以充满气体的、已知体积和初始压力的参比室（见图2），然后将气体压入岩样的孔隙。岩样装在带有弹性胶套和末端堵头的岩心夹持器中。当围压施加到夹持器的外表面时，弹性胶套和末端堵头与岩样紧密相符。弹性胶套和末端堵头又把该压力传递到岩样上。孔隙体积可用波义耳定律直接测定。对于胶结的坚硬岩石，夹持器在低围压时引起孔隙空间的减小可以忽略不计。实验步骤如下：① 首先校准孔隙度仪，得到参比室体积和系统死体积；② 将清洁、干燥的柱塞岩样放入弹性橡胶套，然后在样品的每一端放入一个直径等于样品直径的末端堵头，与岩样的端面接触；③ 在弹性胶套的外表面施加

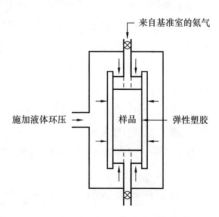

图 2　波义耳单室法测量孔隙体积的
岩心加载室示意图

一定的围压（一般小于 2.758MPa）；④ 在预定的压力下，使氦气进入孔隙度仪的参比室，记录压力；⑤ 将参比室的气体排入岩样的孔隙空间，记录降低了的平衡压力，再根据波义耳定律计算得到岩样的孔隙体积。

（2）液体饱和法通过一定的施加压力将液体完全注入岩样的孔隙中，注入岩样孔隙中的液体体积即为岩心的孔隙体积。实验步骤如下：① 将经过抽提、洗油、烘干的岩样，称得质量为 W_1；② 将岩样置于真空装置中抽出岩石孔隙中的气体，并在真空状态下饱和流体（煤油或盐水等）；③ 称量完全饱和液体的岩样质量 W_2；④ 对比饱和前后岩样的质量差，再除以饱和液体的密度，即可得到岩石的孔隙体积 V_p。

$$V_p = \frac{W_2 - W_1}{\rho_1}$$

式中：ρ_1 为液体的密度；W_1 为岩样的干重；W_2 为岩样的湿重。

📝 推荐书目

何更生. 油层物理［M］. 北京：石油工业出版社，2011.

（范宜仁　葛新民）

【渗透率测量实验 permeability measurement experiment】 实验室中根据达西定律测量岩石渗透率的实验方法。主要分为稳态法和非稳态法。

稳态法 流体在岩样中形成稳定渗流之后，通过测量单位时间内的流体体积确定渗透率的方法，适用于渗透率较高的岩样。流体以一定流速通过岩心，流动处于稳定状态，在岩心两端会建立压差（压力显示器显示），利用流量计测量单位时间内通过岩心的流体体积获得流体流量，通过达西公式即可求出岩样的渗透率。常用的流体介质有气体和液体两种。考虑岩石的孔径比气体分子大，而吸附在颗粒表面上的一层气体较薄，通常认为，实验室用气体（氮气或氦气）测定的岩石渗透率十分接近于岩石的绝对渗透率。气体稳态法测量岩石渗透率的装置如图 1 所示。主要测量步骤如下：（1）将已钻成圆柱形的岩样抽提干净并烘干后，用千分尺测量其直径和长度（注意观察岩样表面是否有溶洞或裂缝，若有则不宜使用该岩样进行测定）。（2）将准备好的岩样紧夹在岩心夹持器中，一般使用橡胶套密封岩样周围的空间。但是，在测定很疏松的岩样时，岩样周围的空间应使用伍德合金密封。（3）关闭减压阀和微调稳压阀，打开气瓶阀门，然后将减压阀慢慢打开调到一定压力，再慢慢调节微调稳压阀，使岩样进口压力值达到设定值（进口压力值与岩样渗透率有关，一般来说，渗透率越低，进口压力值越高）。（4）当气体流量过大时，需建立回压，此时需要逐渐关小出口控制阀，使气体流量不要过大。（5）每建立一个压差时，分别读出进口压力值和出口压力值，以及相应的流量值（每建立一个压力差，待气体流动稳定后，需连续记录三次流量和时间，取平均值后计算）。（6）在建立三种压力差后，将三种压力差的平方与流量在坐标纸上标出，检查其是否呈直线渗滤（如果呈直线，证明此时该岩样测试正确，可以结束测定工作，否则需要改变压差重新测试）。（7）测试完毕后，将气瓶关闭，然后慢慢关闭减压阀放空气体，待系统压力降为零时，取出岩样。

稳态法渗透率的计算公式如下：

$$K = \frac{2Q_0 p_0 \mu L}{A\left(p_1^2 - p_2^2\right)}$$

式中：K 为渗透率；p_1 为进口压力；p_2 为出口压力；p_0 为大气压力；μ 为气体黏度；Q_0 为 p_0 压力下气体的体积流量；A 为岩样品横截面积；L 为岩样的长度。

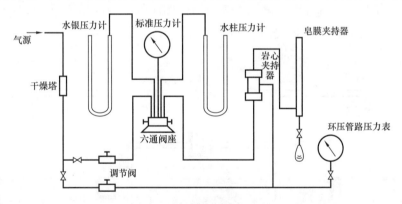

图 1 稳态法测量岩石渗透率装置示意图

非稳态法 使岩样两端形成一个压差，通过测量单位时间的压差和流体流量来确定渗透率，适用于渗透率较低的岩样。基于一维非稳态渗流理论，通过测试岩样一维非稳态渗流过程中孔隙压力随时间的衰减数据，并结合相应的数学模型，对渗流方程的精确解答和合适的误差控制简化，获得测试岩样的脉冲渗透率计算模型和方法。在测试过程中不要求流体形成稳定渗流，流动处于非稳定状态，只要测出压力随时间的变化曲线，利用微积分计算出岩心的渗透率。非稳态法具有操作方便，测量速度快，数据统一性较好的优点，更重要的是它避开了气体流量的测量。

脉冲衰减法是最常用的非稳态测试方法。采用上流容器和下流容器，其中一个容器（或两个容器）的体积相当小。容器和岩样都充入气体直至压力高达

7～14MPa 以减少气体滑脱效应和压缩率。整个系统的压力达到平衡后，增加上流容器的压力（一般为初始压力的 2%～3%）产生通过岩样流动的压力脉冲。这种方法非常适合于测定渗透率在 0.1～10mD 的低渗透岩样。小压差和低渗透率实际上消除了惯性流动阻力。脉冲衰减法渗透率测试仪主要由夹持器、下流室、上流室、压力传感器和压差传感器等部件组成（见图 2）。主要测试步骤如下：（1）用游标卡尺测量样品的直径和长度，并记录；（2）将岩样装入岩心夹持器中，加载一定的围压；（3）打开进气阀、上下流室连接阀、上流室进气阀、上流室出气阀和下流室出气阀，关闭排气阀和针型阀，往测试系统中注入氦气，确保系统内的压力小于围压；（4）关闭进气阀，等待岩样饱和氦气（饱和时间不少于 5min），记录系统内的压力，该压力为孔隙压力；（5）关闭上下流室连接阀和上流室进气阀，打开排气阀，缓慢打开针形阀，排出下流室中一定量的气体，使得上下流的压差达到 0.0689～0.2067MPa 时，关闭下流室出气阀；（6）上下流压差每降低 0.00689MPa 时，记录下流压力、上下流压差和时间；（7）当上下流压差下降至一定值时（推荐压差小于初始压差的 1/3），停止测试；（8）打开上下流室连接阀，上游进气阀和下游出气阀，完全打开针形阀，放空系统内气体，卸载围压，取出样品。

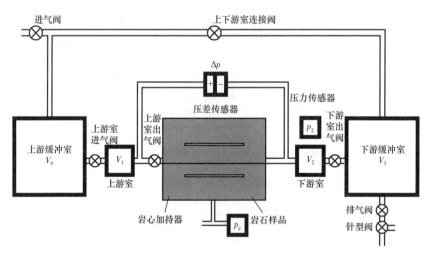

图 2　脉冲衰减法测量岩石渗透率装置示意图

脉冲衰减法的渗透率计算公式如下：

$$K = -\frac{s_1 \mu_g L f_z}{f_1 A p_m \left(\dfrac{1}{V_1} + \dfrac{1}{V_2}\right)} \times 0.98 \times 10^{-11}$$

式中：K 为脉冲衰减法渗透率，mD；s_1 为直线斜率；μ_g 为气体黏度，Pa·s；L 为岩样长度，cm；f_z 为实际气体偏离理想气体的特性值；f_1 为流量校准因子；A 为岩样截面积，cm^2；p_m 为上游室和下游室平均压力，Pa；V_1 为上游室体积，cm^3；V_2 为下游室体积，cm^3。

📓 推荐书目

何更生. 油层物理［M］. 北京：石油工业出版社，2011.

（范宜仁　葛新民）

【饱和度测量实验 saturation measurement experiment】 实验室中测量岩样中油、气、水饱和度的实验方法。国内外最常用的三种测定流体饱和度大小的方法是常压干馏法、溶剂抽提法及色谱法。

常压干馏法 在电炉高温（50～650℃）下，将岩心中的油水加热，蒸发出来的油、水蒸气经冷凝管冷凝为液体而流入收集量筒中，即可由此直接读出油、水体积，再测出岩石孔隙体积 V_p，就可算出岩石中的含油、含水饱和度。

值得注意的是，在实际干馏过程中，由于蒸发损失、结焦或裂解会导致原油体积的减少，其结果总是使干馏出的油量少于实际岩心的油量，不同类型的原油这种差值大小会不同。因此，必须作出该油层实际油量与干馏出来油量间的关系曲线，以便对干馏出的油量进行校正。有时，这两者油量之差可达 30%以上。此外，还需绘制干馏出水量与温度的关系曲线。通常曲线上第一个平缓段为束缚水完全蒸出时所需要的温度，高于此温度则干馏出的水量中还包括矿物的结晶水。在对岩心干馏时，蒸馏束缚水阶段温度不能太高，直至读出岩样内束缚水的体积后，才能将温度提高到 650℃。

溶剂抽提法 将含油岩样称重后，放入油水饱和度测定仪的微孔隔板漏斗中，然后加热烧瓶中密度小于水、沸点比水高、溶解洗油能力强的溶剂，如甲苯（相对密度为 0.867，沸点为 111℃）或酒精苯等，使岩样中水蒸出，经过冷凝管冷凝而收集在水分捕集器中，直接读出水的体积 V_w，则含水饱和度为：

$$S_w = \frac{V_w}{V_p} \times 100\%$$

式中：V_p 为岩样的孔隙体积；V_w 为由捕集管中读出的含水体积。

此方法中，岩样的含油饱和度 S_o 采用重量法计算，测定时，分别测出抽提前岩心的质量 W_1 及岩心经抽提、洗净、烘干后的质量 W_2，将水的体积 V_w 换算成水质量 W_w，可求出油的体积 $V_o = (W_1 - W_2 - W_w)/\rho_o$，则含油饱和度 S_o 为：

$$S_o = \frac{W_1 - W_2 - W_w}{V_p \rho_o} \times 100\%$$

式中：ρ_o 为油的密度。

此时含气饱和度 S_g 为：

$$S_g = 1 - (S_w + S_o)$$

溶剂抽提法的优点在于岩心清洗干净。用作研究的岩心常用这种方法进行洗油和饱和度测定；方法简单、操作容易、能精确测出岩样内水的含量，最适用于油田开发初期测定岩心中的束缚水饱和度。

需要说明的是，在溶剂抽提法中，应以不改变岩心润湿性为原则，对不同润湿性的岩心，采用不同的溶剂。如对亲油岩心，可用四氯化碳；亲水岩心，可用 1：2、1：3、1：4 的酒精苯；对中性岩心及沥青质原油可用甲苯等作溶剂进行抽提。对于含有结晶水的矿物，为了防止结晶水被抽提出，所选用溶剂的沸点应比水的沸点更低。此外，为了将岩心清洗干净，抽提时间的长短非常重要，对致密岩心的抽提，有时需要 48h 或更长的时间。

色谱法 基于水可以与乙醇无限量溶解的特点，将已知质量的岩样中的水分溶解于乙醇中，然后用色谱仪分析充分溶解有水分的乙醇。互溶后的水与乙醇通过色谱柱后，分离成水蒸气与乙醇蒸气，逐次进入热导池检测器，分别转换为电信号，并被电子电位差计记录水峰和乙醇峰，根据峰高比查出岩样含水体积 V_w。与溶剂油抽提法相同，岩样经除油并烘干后，用差减法得出含油体积，再根据孔隙体积 V_p 分别计算出岩心的含油、含水饱和度。

📝 推荐书目

何更生.油层物理［M］.北京：石油工业出版社，2011.

（范宜仁　葛新民）

【岩心预处理 core pretreatment】 根据常规岩心分析中不同项目的测试需要，通过样品选取、切割、清洗、烘干等，将岩心加工成标准样品的过程。

样品选取 结合地层岩性变化和井下取心的实际情况选取常规岩心分析的样品。所选样品应有代表性。

样品切割 根据岩心分析中不同项目的具体测试要求，将岩心加工成圆柱形岩样、全直径岩样或碎块岩样。

样品清洗 用于部分特定实验的样品，在测试之前，必须先将岩心中的液体清洗干净，避免因岩心的孔隙喉道中有油和盐存在而影响实验测试效果。岩

样清洗主要有五种方法：溶剂驱替清洗法、离心驱替清洗法、气驱溶剂抽提法、蒸馏抽提法和液化气抽提法。

（1）溶剂驱替清洗法：通过在室温下加压将一种或几种溶剂注入岩样来清洗岩样中的烃和盐，施加的压力大小取决于岩样的渗透率，压力在 10~1000psi 之间。岩样装在承受上覆压力作用的套筒内或者装在可以使溶剂从岩样介质中流过的岩心夹持器中。把岩样洗干净所需的溶剂量取决于岩样中烃类及所用的溶剂。当岩样中流出的溶剂清洁了，就可以认为岩样已经洗净了。在某些情况下，需要注入多种溶剂来清洗稠油，或者沥青含量高的原油。

（2）离心驱替清洗法：利用带有特殊设计转头的离心机向岩样喷射清洁热溶剂，离心力使溶剂流过岩样，驱替并洗去油、水。转速从每分钟几百转到每分钟几千转，取决于岩心的渗透率及胶结程度。大多数溶剂都可以作为清洗剂。

（3）气驱溶剂抽提法：该方法对岩心内部进行重复溶解气驱，直到完全除掉岩心中的烃为止。用烘箱干燥的方法除掉留在岩心中的溶剂和水。当含油岩心被取到地面后，由于降压，油中的溶解气从油中释放出来，将部分油和水从岩心中驱替出来，在大气压力作用下将导致气体填充到部分孔隙中。在一定的压力下，使含有溶解气的溶剂包围岩心，岩心中的孔隙将被溶剂完全充满。在这种情况下，溶剂与岩心中的油混合，如果再次降压至大气压力，将除掉部分残余油。二氧化碳由于低燃点和不易爆炸，以及在大多数溶剂中的高溶解度，因此是最好的驱替气体。气驱溶剂抽提法可用的溶剂有石脑油、甲苯及某些溶剂的混合物。对于某些原油，如果用水浴、蒸汽浴或者电加热器把岩心室加热，可能会缩短清洗时间。该方法在常规岩心清洗方面已经得到了成功应用。例如，在岩心内部压力为 200psi、外部压力为 1000psi 的情况下，用二氧化碳和甲苯溶剂循环大约 30min 可以将岩心内部的烃类完全除掉。

（4）蒸馏抽提法：使用索氏抽提器及合适的溶剂来溶解和抽提油和盐水。抽提应该通过管汇来进行，每个抽提器充满油水，由于虹吸作用，每个抽提器中的油水进入一个共同的蒸馏器中，来自蒸馏器的新鲜溶剂继续蒸发、冷凝，然后再汇集到各个抽提器中。根据抽提器虹吸出来的溶剂颜色，可以判定岩心是否清洗干净。抽提应该连续进行直到抽提物完全清洁为止。对于一种给定的溶剂，判断油已经完全除去的标准是在荧光下抽提液没有荧光显示。应该注意到，把岩心中的油彻底洗净，可能需要一种以上的溶剂，事实上一种溶剂与岩心接触后，溶剂已经干净并不能表明岩心中的油已经彻底洗净了。

（5）液化气抽提法：利用一个加压的索氏抽提器和凝缩的低沸点极性溶剂。液化气抽提过程就是用加压溶剂来清洗岩心的蒸馏抽提过程，通过低温蒸馏使溶剂重复循环使用。由于抽提是在室温或低于室温的情况下进行的，该法适用于热敏感岩心，如含石膏岩心。

样品烘干　经溶剂抽提或清洗过的岩样在恒温装置内干燥处理的过程。常用的烘干方法有恒温烘干法和恒温恒湿烘干法。

（1）恒温烘干法：适用于砂岩样品，将岩样放入温度控制在$105 \pm 2℃$的控温烘箱中，烘 8h 以上，烘至样品恒重为止。

（2）恒温恒湿烘干法：适用黏土或生石膏含量多的岩样，尤其适用于蒙皂石、伊利石、绿泥石等水敏性黏土含量高的岩样。烘干条件：温度为 $62 \sim 93℃$；湿度为 45%；烘48h 以上，烘至样品恒重为止。

📝 推荐书目

何更生. 油层物理［M］. 北京：石油工业出版社，2011.

（范宜仁　葛新民）

【岩石毛细管压力曲线测量实验 core capillary pressure curve measurement experiment】
通过测量压力和润湿相饱和度，并绘制出压力—饱和度关系曲线的实验方法。在一定压力下，润湿相突破岩石的毛细管压力进入孔隙中，饱和度不断增加。岩石的毛细管压力曲线是孔隙结构研究的重要资料。岩石毛细管压力曲线测量方法主要有压汞法、离心法和半渗透隔板法。

压汞法　汞不润湿岩石，如果对汞施加的压力大于或等于孔隙喉道的毛细管压力时，汞就克服毛细管阻力进入孔隙。压汞过程中，随外加压力的增加，岩心中的汞饱和度增加。外加压力（毛细管压力）与岩心中含汞饱和度的关系曲线称为压汞毛细管压力曲线。当汞进入最小孔隙后，外加压力增加，岩心中的汞饱和度不再增加，此时毛细管压力曲线为垂直线。降压过程中，当压力降低到某毛细管的毛细管压力时，在毛细管压力的作用下，岩心中的汞将推出，饱和度将降低。降压过程中，外加压力（毛细管压力）与岩心中的含汞饱和度的关系曲线，称为退汞毛细管压力曲线。

离心机法　将饱和润湿（非润湿）相流体的岩样，装入充满非润湿（润湿）相流体的离心机样盒中，使其在一系列选定的角速度下旋转，由于岩样内外流体密度不同，使得两种流体所受的离心力不同，借助两相流体的离心压力差，克服岩样的毛细管压力，使非润湿（润湿）相流体进入岩样，排驱出其中的润湿（非润湿）相流体。离心机的转速越高，两相流体的离心压力差越大，因而随着离心机转速的增大越来越少的孔隙中润湿（非润湿）相流体被排驱出来。测量一系列稳定转速下润湿（非润湿）相流体的累积排出体积，即可获得岩样的离心法毛细管压力曲线。

半渗透隔板法　在小于突破压力下，只有润湿相能通过半渗透隔板，将岩心放在隔板上，利用抽真空或加压方法在岩样两端建立驱替压差，把润湿相液体从某些孔隙中驱替出来所需的压力就等于这些孔隙的毛细管压力。驱替过程中毛细管压力平衡时可以得到岩样中相应的润湿相饱和度，用一系列毛细管压力和润湿相饱和度值作图就可得到隔板法毛细管压力曲线。

（范宜仁 葛新民）

【岩石核磁共振实验 rock nuclear magnetic resonance measurement experiment】 基于核磁共振原理，利用岩样核磁共振实验仪器测量岩样孔隙中流体弛豫性质的实验方法。在岩石孔隙结构研究、物性参数计算及流体识别中发挥着重要作用。岩样核磁共振实验仪器主要由永磁体及探头模块、逻辑控制模块、温度控制模块、主控计算机、测量采集软件和数据处理软件组成（见图）。岩样核磁共振实验主要包括横向弛豫时间 T_2 测量、纵向弛豫时间 T_1 测量、核磁共振差谱测量和核磁共振移谱测量等。

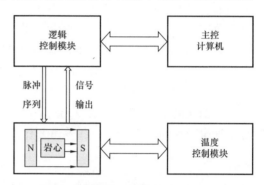

岩样核磁共振实验测量仪器示意图

T_2 测量 采集岩样的横向宏观磁化强度与时间的关系曲线，应用一定的反演方法得到岩样的 T_2 分布谱。实验步骤如下：（1）将准备好的待测岩样用不含氢的非磁性容器（如玻璃试管）装好，放入测量腔（岩心室或样品室），岩样的中心位置应位于磁场的中心位置；（2）选择合适的脉冲序列（一般为 CPMG 脉冲序列），设定测量系统参数，以及回波间隔、完全恢复时间、采集回波个数、采集扫描次数和接收增益等采集参数，确认当期参数准确无误后，开始测量；（3）由计算机自带的处理程序进行反演，得到 T_2 分布谱。

T_1 测量 采集岩样的纵向宏观磁化强度与时间的关系曲线，应用一定的反演方法得到岩样的 T_1 分布谱。实验步骤如下：（1）将准备好的待测岩样用不含氢的非磁性容器（如玻璃试管）装好，放入测量腔（岩心室或样品室），岩样的中心位置应位于磁场的中心位置；（2）选择合适的脉冲序列（一般为 IR 脉冲序列或 SR 脉冲序列），设定测量系统参数和完全恢复时间、采集回波个数、采集扫描次数和接收增益等采集参数；（3）建立 180° 脉冲与 90° 脉冲直接的测量时间序列，确认当前参数准确无误，并装载建立好的 180° 脉冲与 90° 脉冲直接的测量时间序列后，开始测量；（4）由计算机自带的处理程序进行反演，得到 T_1 分布谱。

　　核磁共振差谱测量　根据岩石孔隙中不同流体在静磁场中完全极化所需的完全恢复时间的差异，采用长、短两个不同的等待时间测量两个回波串，利用两个回波串相减后的差分回波串作为油气弛豫信号，应用一定的反演方法得到 T_2 差分谱。一般来说，在短恢复时间时，水可完全恢复，烃不能完全恢复，在长恢复时间内，水和烃均可完全恢复，因此，得到的 T_2 差分谱可基本消除水的信号，突出烃的信号，从而达到流体识别的目的。

　　核磁共振移谱测量　根据岩石孔隙中不同流体扩散系数的差异，采用两个不同的回波间隔测量得到两个回波串，应用一定的反演方法得到两组 T_2 谱。与短回波间隔的 T_2 谱相比，长回波间隔的 T_2 谱受扩散的影响而向左偏移，并被压缩。若仪器在采集长回波间隔的回波串时，天然气信号已偏移出测量范围而进入死时间区，长回波间隔的 T_2 谱将不包含天然气的贡献，但在短回波间隔的数据中却包含着天然气信号。忽略扩散对水和油的影响，从短回波间隔的 T_2 谱中减去长回波间隔的 T_2 谱，在 T_2 差谱中就只剩下天然气信号。核磁共振移谱测量对于气层和稠油层的识别中起着重要作用。

📖 推荐书目

　　肖立志.核磁共振成像测井与岩石核磁共振及其应用［M］.北京：科学出版社，1998.
　　邓克俊.核磁共振测井理论及应用［M］.东营：中国石油大学出版社，2010.

（范宜仁　葛新民）

【岩石电化学实验 rock electrochemistry measurement experiment 】　测量岩石的极化率（也称激发极化法的二次场电位与一次场电位之比）、自然电位和阳离子交换量等电化学性质的实验方法。

　　极化率测量实验　给岩样两端施加一恒定电流时，在外电场的作用下产生阴离子向阳极、阳离子向阴极的离子运动，在黏土薄膜（阳离子富集带）的阴离子选择性地限制了阴离子的转移，而阴离子活动性的减弱又引起薄膜附近离子分布的变化，形成偶电层形变和局部浓度变化，其浓度梯度反过来又阻碍离子运动，即阻碍外电流，直至达到平衡为止，同时形成激化电位（也称一次场电位）。当外电场断去后，由于离子的扩散作用，离子浓度将逐渐消失，恢复到原来的状态，同时形成扩散电位（也称二次场衰减电位）。这就是离子导体上观察到的激发极化现象。二次场电位和一次场电位之比即为岩样的极化率。极化率测量实验所需的设备主要包括岩样激发极化电位自动测量仪、岩样室、电极、恒流源、计算机等（见图1）。主要实验步骤如下：（1）制备岩样，并饱和一定浓度的地层水；（2）将岩样激发极化电位自动测量仪、恒流源及计算机处于测量等待状态；（3）将供电电极（铅电极）A、B分别放入左、右供电室中，将测量电极（Ag—AgCl 电极）M、N 分别放入左、右测量室中；（4）将左、右储液罐注入氯化钠溶液，其浓度与饱和岩样的溶液浓度相同，让左、右供电室的溶液保持在三分之二的高度；（5）将岩样装入岩样室，加围压至岩样两端的溶液不直接连通，岩样不损坏为原则；（6）将左、右储液罐里的溶液分别注入左、右测量室和左、右供电室，并排尽左、右测量室中的空气；（7）将恒流源的电流输出端 A_1、B_1 分别与岩样激发极化电位自动测量仪的 A_1、B_1 相连接，将自动测量仪的电流输出端 A、B 分别与供电电极（铅电极）A、B 相连接，将自动测量仪的 M、N 端分别与测量电极（Ag—AgCl 电极）M、N 相连接；（8）调节恒源流，根据岩样特性及饱和溶液的浓度设定电流值，原则上使激发电流在线性范围内，极化率与供电电流无关；（9）运行岩样极化率数据采集处理软件，输入岩样的物性参数、岩样尺寸、溶液浓度，溶液电阻率等参数，输入控制测量参数、恒流源的电流值、测量装置的仪器系数等；（10）进行岩样极化率自动控制测量，待正、反向激发极化电位测量完毕，极化率的自动测量过程便自动结束。

岩样极化率 $\eta(t)$ 的计算公式为：

$$\eta(t) = \frac{U_2(t)}{U_p} \times 100\%$$

式中：$\eta(t)$ 为岩样极化率；t 为时间，ms；$U_2(t)$ 为二次场电位，mV；U_p 为最大激发一次场电位，mV。

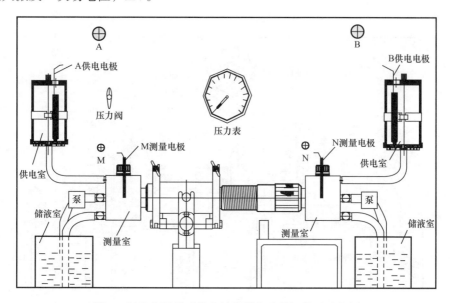

图1 极化率测量系统中的岩样室及电极装置示意图

自然电位测量实验　当渗透性的岩样两边溶液离子浓度不等时，便会产生扩散现象。如果含有黏土，则在扩散的同时，由于黏土颗粒的阳离子吸附性使溶液中的离子分布不均衡，由此形成扩散—吸附电动势，此电动势反过来又组织迁移率大的离子作进一步地积累，即阻止电动势继续增大，从而达到一种动态平衡状态，这时在岩样两端测得的扩散—吸附电位即为自然电位，与两端溶液的浓度差及岩样的阳离子交换量有关。测量岩样自然电位的主要仪器由岩样自然电位自动测量仪、岩样室、电极、泵等测量装置、计算机、电导率仪、电子天平、温度计、数字万用表等（见图2）。主要实验步骤如下：（1）启动岩样自然电位自动测量仪及计算机至测量等待状态；（2）将测量电极（Ag—AgCl 电极）M、N 分别放入左、右测量室中，将岩样装入岩样室，加围压至岩样两端的溶液不直接连通，岩样不破坏为原则；（3）将左储液罐注入低浓度的氯化钠溶液，右储液罐注入与饱和岩样浓度相同的高浓度氯化钠溶液；（4）将测量电极（Ag—AgCl 电极）M、N 分别与岩样自然电位自动测量仪的 M、N 输入端相连接；（5）运行岩样电位数据采集处理软件，输入岩样的物性参数、溶液浓度等参数，输入控制测量参数；（6）设定自然电位采样间隔，启动低浓度溶液一端的泵，将储液罐的溶液注入测量室，并进行溶液循环，以保证岩样端面的浓度不变且不损坏岩样；（7）启动高浓度溶液一端的泵，将储液罐里的溶液注入测量室，并进行溶液循环；（8）运行软件，开始数据采集，等采样的自然电位值（扩散吸附电位）由大变小，逐渐达到动态平衡不再增大后，结束采集，保存数据文件。

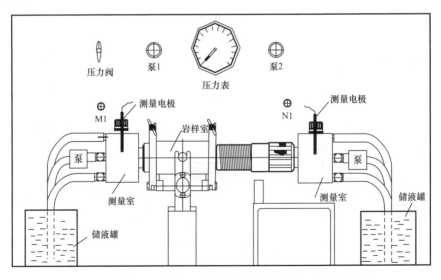

图 2　岩样自然电位测量系统中的岩样室及电极装置示意图

阳离子交换容量测量实验　黏土矿物晶格中的钾、钠、镁、氢、铝等阳离子与 EDTA– 乙酸铵溶液中的铵离子等物质进行交换，形成铵质土，洗去过量的铵离子，用蒸馏法测定铵，即可计算出岩石阳离子交换量。主要测试设备有电子天平、离心机、电导率仪、蒸馏装置、微机控制自动滴定系统，主要测试剂有盐酸、硼酸、乙酸铵、氨水、乙醇、氯化铵、四硼酸钠、乙酸、氯酸钾、溴甲酚绿、氢氧化钠、甲基红、甲基橙、酸性铬蓝 K、乙二胺四乙酸（EDTA）、轻质氧化镁、萘酚绿 B、纳氏试剂等。主要实验步骤如下：（1）将 10~20g 岩样粉碎并全部经过孔径 245μm 以下（60 目以上）的过滤筛，搅拌均匀后装入滤纸袋中，洗净岩样中的剩余油和盐，岩样风干后，放入干燥器中冷却至室温。（2）称取岩样（当岩样为砂岩时，称取 5g；当岩样为泥岩时，称取 2g），置于 100mL 离心管中。（3）向装有岩样的离心管内注入 60mL 交换液，用玻璃棒搅拌 2min 后，用同样的交换液将附在玻璃棒上的岩样冲入离心管内，静置 12h。（4）将静置后的装有岩样和交换液的离心管放入离心机中，设置一定的离心力和旋转时间，固液分离后，弃去清液。（5）检查清液中有无钙离子，如无钙离子，则交换完毕，否则需要重复步骤（3）和步骤（4），直至无钙离子为止。（6）将交换好的岩样加 95% 乙醇 60mL，用玻璃棒充分搅拌后，放入离心机分离，固液分离后，弃去清液（清洗两次后，将离心管内的岩样用 95% 乙醇冲入放有滤纸的漏斗中淋洗），收集滤出液，用电导率仪测量滤出液的电导率（若滤出液的电导率小于 10S/cm，则淋洗完毕；否则继续淋洗，直至符合要求为止）。（7）倒出清液等待蒸馏。使用普通定氮蒸馏装置加热蒸馏，待吸收液达到 200mL 时，用 pH 试纸检查冷却后的液体，直至与蒸馏水 pH 值完全相同为止，则认为蒸馏完全。停止加热时，将缓冲管中的液体倒入吸收液瓶中，待滴定。将盛有吸收液的吸收瓶放于磁力搅拌器上，启动搅拌器，盐酸标准溶液经滴定管滴入吸收瓶，待滴到吸收液由蓝色变为微红色时，滴定完毕。记下滴定空白蒸馏吸收液所用盐酸溶液用量 V_1 及滴定岩样的溶液吸收液所用盐酸溶液用量 V_2。

根据阳离子交换容量测量中的实验参数，按公式计算岩样的阳离子交换容量：

$$CEC = \frac{C_{HCl}(V_2 - V_1)}{m} \times 100$$

式中：CEC 为泥质砂岩阳离子交换容量，mmol/100g；C_{HCl} 为盐酸标准溶液的浓度，mol/mL；V_1 为滴定空白时盐酸标准液的用量，mL；V_2 为滴定岩样时盐酸标准液的用量，mL；m 为岩样的质量，g。

（范宜仁　葛新民）

【**岩石声波测量实验** rock acoustic parameters measurement experiment 】 在实验室中测量声波在岩石中传播特性的实验方法。主要指岩样的纵波速度和横波速度的测量实验，是孔隙度建模、流体识别、岩石弹性和力学特性等研究的重要基础。实验室测量声波速度常用的是超声透射脉冲法。利用脉冲信号在样品中的传播时间来测量波速，将发射与接收两个超声波探头分别放置在岩样两端，脉冲发生器产生高压脉冲信号加载到发射探头上，发射探头受到激发产生瞬态振动，该振动与岩样耦合后透射被接收探头所接收，根据波形起跳点确定声波在岩心中的传播时间，结合声波传播距离可计算出纵波速度、横波速度。主要测量装置包括岩样夹持器、脉冲发生器、换能器、显示和计时装置、围压系统和加温系统等（见图）。主要实验步骤如下：（1）按照实验要求制备岩样，进行洗油、洗盐和烘干处理，若需测量含水情况下的岩样声波，则需对岩样进行抽真空和加压饱和流体处理。（2）测算岩样的尺寸和体积密度。（3）连接好测试设备，打开脉冲发生器和示波器的电源，预热至稳定工作状态。如果测量温度和高压条件下的声波参数，应打开相应的电源使加温和加压系统预热至稳定工作状态。（4）采用直接对接法或标准样品法测定仪器系统的声波零延时。（5）将待测岩样装入岩样夹持器，使岩样与换能器端面充分耦合，调节脉冲发生器和示波器，能在示波器上清晰地观察到波形首波。（6）调节示波器，使计数器达到最大分辨率且能分辨纵波和横波的首波，测量并记录各波传播到达时间。（7）根据岩样的长度和纵波或横波的传播时间，应用如下公式计算岩样的声波速度：

$$v = \left[L / \left(T - t_0 \right) \right] \times 10^4$$

式中：v 为岩样的纵波速度或横波速度，m/s；T 为岩样的纵波传播时间或横波传播时间，μs；t_0 为测量系统的纵波或横波零延时，μs；L 为岩样的长度，cm。

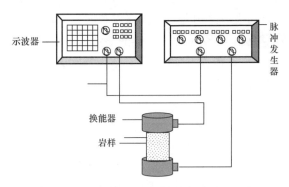

超声透射脉冲法测量岩心纵波速度、横波速度示意图

（范宜仁 葛新民）

【岩石自然伽马能谱测量实验 rock natural gamma–ray spectrum measurement experiment】
实验室测量岩样中铀、钍、钾等天然放射性核素含量的方法。利用伽马探测晶体（碘化钠探测器或高纯锗探测器），接收岩样中产生的自然伽马射线，并转换成光脉冲，再由光电倍增管转换成电脉冲，经线性放大器放大后由测量系统中的电路进行增益放大、脉冲幅度分析器检测各脉冲的峰值，对应不同能量，然后对不同幅度的脉冲分别计数，累计得到能谱（见图1）。当某种放射性核素含量越高，其所在的特征峰也就越明显，峰面积越大。

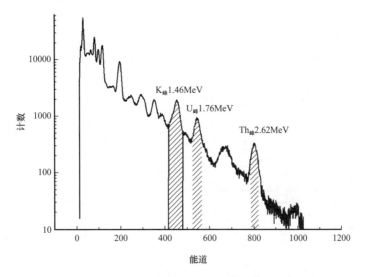

图 1　岩样自然伽马能谱图

　　岩样的自然伽马能谱仪主要由探测器（NaI 探测器、BGO 探测器或 HPGe 探测器）、屏蔽室、高压电源、低压电源、谱放大器、脉冲幅度分析器、分析计算及数据输出装置和杜瓦瓶等组成（见图2）。主要实验步骤如下：（1）打开自然伽马能谱仪电源及计算机，点击测量软件开始预热，预热 30min。用 HPGe 探测系统测量前，杜瓦瓶中加满液氮，恒温冷却 6h 以上，然后开机预热 30min。（2）用含有已知能量的刻度源来刻度自然伽马能谱系统的能量响应，能量刻度范围为 50～3000keV，能量刻度应至少包括四个能量均匀分布在所需刻度能区的刻度点（记录刻度源的特征伽马射线能量和相应全能峰峰位道址，做最小二乘拟合，非线性误差小于 0.5%）。（3）测量空样本盒本底和标样，计算标样中 U、Th 和 K 的含量。确保仪器的稳定性与准确性，然后开始测量岩样（岩样测量时间根据被测岩样的放射性强弱及测量精度等确定）。（4）标样或岩样测量过程中，实时检查 ^{40}K（1.46MeV）光峰，其能量道漂移应小于 0.5%。（5）每批岩样测量中，每个岩样测量一次，按照规定对岩样进行随机重复测试；标样应在每批岩样测量前、样品数量测量一半时、测量后各测一次，空样品盒本底在样品测量结束时再测量一次。（6）保存测量数据，用专用软件进行数据处理，关机结束测试。

自然伽马射线具有统计涨落，首先对测量得到的伽马能谱进行平滑处理，然后对复杂的伽马能谱进行解析才能得到各种射线的能量和强度，进而确定各种核素的含量，这个过程称为解谱。常用的解谱方法有剥谱法、逆矩阵法和最小二乘法。

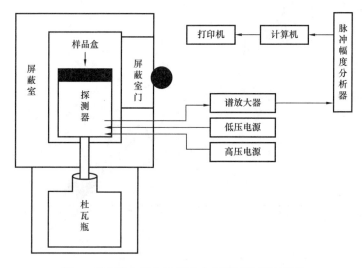

图 2　岩样的自然伽马能谱分析测量装置示意图

📝 推荐书目

黄隆基.放射性测井原理［M］.东营：石油大学出版社，2000.

（范宜仁　葛新民）

测井方法

【电法测井 electric log】 以电磁场理论为基础，测量并研究不同岩石的电学性质及其动态变化，以区分钻井所穿过的不同地层，进而确定油气层的测井方法。地层的电性主要取决于岩石孔隙中所含流体的电特性。一般油气层的电阻率高、介电常数低，水层的电阻率低、介电常数高。电法测井是确定油气层的主要方法之一。

电法测井系统由测井下井仪器、测井地面仪器，以及传输测量数据和控制信号的测井电缆组成，是一套遥控遥测装置。它的发展与计算机技术、自动控制、材料、通信等学科的发展密切相关。电法测井资料主要用于区分地层岩性，划分油、气、水层和水淹层，计算含油饱和度或剩余油饱和度，计算储量或剩余可采储量。

分类 根据测量岩石的电学性质将电法测井分为三类：以测量岩石电化学作用而产生的自然电位测井和激发极化电位测井，这类测井仪器工作频率在低频或直流范围；测量岩石导电特性的电阻率测井、电流聚焦测井、感应测井，其测井仪器工作频率在 10^6 Hz 范围；测量岩石介电特性的电磁波传播测井，测井仪器工作频率在 $10^7 \sim 10^9$ Hz 范围。各种电法测井的工作频率分布在超低频、低频到微波频段的整个电频谱上。

起源与发展 电法测井起源于法国。1927 年 9 月，斯伦贝谢兄弟在法国 Pechelbron 附近一口 500m 深的井中用逐点测量的方式得到第一条电阻率测井曲线，显示了盖层下的含油砂层。这也是世界上的第一次电法测井。1931 年，道尔在测井中意外地发现了自然电位（见静自然电位），建立了自然电位测井。为了适应空气钻井和油基钻井液钻井，1947 年发明了感应测井。1952 年开始使用侧向测井。20 世纪 70 年代后期出现了测量岩石介电常数或电阻率的电磁波传播测井。20 世纪 80 年代又陆续出现了展现井周电阻率图像的微电阻率扫描成像测井、阵列感应测井、方位电阻率成像测井、阵列侧向测井等，使电法测井采集的数据包含了丰富的地质信息，扩大了电法测井的应用范围。中国的电法测井始于1939年12月，由翁文波先生等在重庆石油沟巴1井测得第一条曲线，以后各种电法测井方法相继得到使用。生产的需求和相关学科的发展促进了电法测井的发展。在方法理论研究、实验室岩样测量、测井仪器研制和资料处理解释与应用等方面或赶上或接近世界先进水平，研发了具有自主知识产权的聚焦激发极化电位测井。研究内容主要包括：在不同的频率范围，以电磁场理论为基础，求解在有井条件下，有限厚地层井周电磁场的分布及其测井响应，指导测井下井仪器设计和测井资料处理解释；建立岩石物理实验室和测井的模拟井，研究岩石的各种电特性及其动态变化，为改进电法测井的现有方法或创建新方法，建立电法测井资料的地质解释和评价模型提供依据；通过数值模拟和物理模拟方法，研制新型探测器和开发新的电法测井仪器。

　　展望　电法测井的发展方向主要是：改进探测器，求准地层电阻率，为此，在纵向上消除围岩对测井的影响，提高对地层分辨能力（即提高纵向分辨率），在径向上消除井筒和侵入带（钻井液滤液进入井壁部分）对测井的影响，增大径向探测深度；改进和完善套管井地层电阻率测井方法和仪器；开展井间电磁波测井的研究。

📝 推荐书目

张庚骥.电法测井［M］.北京：石油工业出版社，1984.

《测井学》编写组.测井学［M］.北京：石油工业出版社，1998.

（冯启宁）

【自然电位测井 spontaneous potential log】 含水地层由于电化学作用而形成自然电位，测量自然电位用于确定地层特性的电法测井。自然电位测井的主要用途是划分岩性、寻找渗透性地层，估算泥质含量和计算地层水电阻率，判断水淹层。自然电位测井方法简单，实用价值高，是研究储层的基本电法测井方法之一。

　　自然电位的测量原理如图所示，N电极固定在地面，沿井身上提电极M，测量电极M和N之间的电位差则可得到沿井剖面的自然电位测井曲线。

　　自然电位的产生主要有三种原因：一是由于钻井液和地层水含盐量不同，高浓度溶液向低浓度溶液扩散，扩散中由于正、负离子迁移率不同而形成

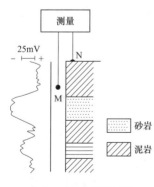

自然电位测井原理图

扩散电动势；二是当泥岩存在时，泥岩对正离子的选择性吸附而产生扩散吸附电动势或称薄膜电动势；三是由于钻井液液柱压力和地层压力的不同形成过滤电动势或称动电电动势。当压力差不大时前两种原因是主要的。

自然电位测井主要用于砂岩—泥质砂岩剖面的地层，以泥岩的自然电位为基线，当钻井液滤液电阻率高于地层水电阻率时，砂岩层段的自然电位为负值，测井曲线呈现负幅度差，如图所示。砂岩是储集油、气、水的渗透层。

1931 年，道尔在电阻率测井过程中偶然发现了自然电位，提出了自然电位测井方法。以后的学者研究了自然电位的产生机理和影响因素，并扩大了它的应用范围。但是，对提高自然电位测井的地质应用效果，特别是在水淹层解释中求准地层混合液电阻率仍需继续研究。

（冯启宁）

【**激发极化电位测井 induced polarization log**】 测量地层岩石人工激发极化电场变化的电法测井。对井下电极供脉冲电流，通电期间激发地层产生极化电场，断电的某一时刻测量极化电位大小或测量极化电位变化量，并计算极化率。电流断开后，这个电场将逐渐衰减至零（见图）。由于极化电位大小主要与地层水的含盐量有关，因此，用激发极化电位测井比其他测井方法更能准确地求准地层水电阻率，提高用测井资料判断油、水层的准确性。由于测量的极化电场是人为地接通低频电流而产生并在断电后进行测量，因此在苏联又称之为人工电位测井（相对于自然电位而言）。

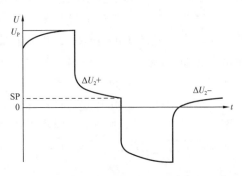

岩石的正向反向充、放电曲线

在沉积岩地层中产生激发极化电位的主要原因是：（1）浓差极化。当地层外加电场时，地层水中的正、负离子按相反方向沿孔隙喉道迁移，并在某些孔喉处发生聚集形成局部电场，产生极化电位。当外加电场断开，局部聚集的离子又会通过扩散恢复到原来的分布。（2）偶电层畸变。当砂岩含黏土时，由于黏土表面带负电会吸附地层水中的正离子形成双电层，达到电平衡。当外加电场时，偶电层中的正离子会发生迁移，使双电层畸变形成局部电场，产生极化电位。外加电场断开后，双电层恢复到平衡态，极化消失。

研究激发极化电位的形成机理和影响因素，可提高使用激发极化电位测井计算阳离子交换容量的精度，进而提高计算地层水电阻率的精度。中国研发的聚焦激发极化电位测井采用聚焦电极系，提高了测量精度、探测深度和划分薄地层的能力，同时与自然电位测井组合扩大了应用范围。

激发极化测井主要用于在水淹层测井，求准混合液（地层水与注入水混合）电阻率，提高对水淹层的识别能力。但是，当混合液矿化高于 30000mg/L 时，测量效果显著变差。如能克服这一缺点，聚焦激发极化电位测井将有望成为水淹层测井系列的主要测井方法。

📝 推荐书目

《测井学》编写组.测井学［M］.北京：石油工业出版社，1998.

（冯启宁）

【扩散电动势 diffusion electromotive potential 】 在两种浓度不同（或组成不同）的电解质溶液接触时，由于不同离子的扩散迁移率不同，在互相接触的界面处所产生的电位差。

当两种不同浓度的 NaCl 溶液接触时，存在着使浓度达到平衡的自然趋势，即高浓度溶液中的离子受浓度差的作用要穿过渗透性隔膜迁移到低浓度溶液中去，这叫离子扩散。在扩散过程中，各种离子的扩散迁移率不同。由于氯离子的迁移率大于钠离子的迁移率，扩散使低浓度一侧氯离子相对增多，形成负电荷富集，而高浓度一侧的钠离子相对增多，形成正电荷富集。此时氯离子受接触面附近电荷富集带的负电荷的排斥其迁移速度减慢；相反钠离子的迁移速度加快，这就使两侧正负电荷的富集速度减慢，直至接触面附近正、负离子迁移速度相同时，电荷富集停止，但离子还在扩散，这叫动平衡。此时接触面附近的电动势保持一定值，这个电动势叫扩散电动势（E_d）。

（邓少贵）

【扩散吸附电动势 diffusion adsorption electromotive potential 】 对岩性不太纯、泥质含量较多的储层，由于离子扩散速度不同或由于吸附阳离子参与了扩散，在地层与井间形成的电动势。是产生自然电位的原因之一，又称电化学电动势。当井筒内的钻井液滤液矿化度与地层水的矿化度不同时，溶液中的离子将由高的地方向浓度低的地方扩散产生两种电动势：纯砂岩地层中，由于离子扩散速度不同，在地层与井间形成扩散电动势（液体接触电动势）；含泥质地层中，由于泥质颗粒表面带负电荷，为保持电平衡吸引阳离子（或称吸附阳离子，或补偿阳离子），由于吸附阳离子参与了扩散，在地层与井间形成扩散吸附电动势（薄膜电动势）。在砂岩与泥岩界面附近，由于这两个电动势的作用产生自然电流，并在井内钻井液中流动造成电位降。自然电位是相对变化，它是扩散电动势和吸附电动势综合影响的结果。扩散电动势和扩散吸附电动势的大小主要由地层水和钻井液滤液浓度的比值决定。

由于晶格置换作用、矿物水解作用、破键作用等原因，岩石颗粒表面常常带有固定不动的负电荷，要吸引部分阳离子保持电平衡，这样就形成了岩石颗粒表面的双电层（见图）。这种现象在黏土矿物中最显著，砂岩中的细粒成分也可能有。在湿黏土中，阳离子通常以水合阳离子形式存在，其中一部分阳离子紧贴岩石颗粒表面，只作热运动，不能移动，构成吸附层；另一部分阳离子在吸附层之外形成扩散层，可正常迁移。离子双电层的内层是岩石颗粒本身在表面多余的负电荷，外层是岩石颗粒表面吸附层和扩散层内的阳离子，其总电荷等于内层电荷。

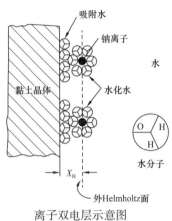

离子双电层示意图

📖 推荐书目

洪有密.测井原理与综合解释［M］.东营：石油大学出版社，1998.

（邓少贵）

【过滤电动势 filtration electromotive potential 】 在测井过程中，钻井液液柱压力大于地层压力时，钻井液滤液会向岩石孔隙内渗滤，带动离子双电层中扩散层的流体向同一方向流动，使得扩散层阳离子向低压一侧移动，而在低压一侧形成正电荷富集，在高压一侧形成负电荷富集，从而形成电动势。一般认为，这一过程基本发生在滤饼形成之前。当滤饼形成后，滤饼几乎是不渗透的，上述压差将降落在滤饼上，不会再形成滤液流动，而且原来聚集的正负电荷重新达到平衡，不再有过滤电动势。因此，过滤电动势产生于有液体正在流动的层位。一般储层都有滤饼，而测井在滤饼形成之后，通常便不再考虑过滤电动势。

（邓少贵）

【静自然电位 static spontaneous potential 】 纯砂岩层的自然电位曲线偏转幅度等于总电动势时的自然电位。相当于自然电流回路断路时储层的自然电位异常。

自然电流回路总自然电动势（E_d-E_{da}）是产生自然电位的决定性因素。测井上定义静自然电位 SSP：

$$SSP=E_d-E_{da}$$

式中：E_d 为扩散电位，mV ；E_{da} 为扩散吸附电位，mV。

影响因素：

（1）地层水与钻井液的性质。二者含盐量应有较大差别，$C_w > C_{mf}$ 为负异常（C_w 为地层水含盐量，C_{mf} 为钻井液含盐量），$C_w < C_{mf}$ 为正异常，C_w 和 C_{mf} 相近无异常。NaCl 以外的其他盐类增多，也会有一定影响。

（2）储层与泥岩的岩性。储层泥质含量增加，Q_v（阳离子交换容量）增加，泥岩中砂质增多，Q_v 减小，都将使总自然电动势减小。

（3）地层温度。地层温度升高使静自然电位系数 K 增加，从而使自然电位增加。但温度变化的影响有限，一般在有限的解释井段内可不考虑温度变化。

（邓少贵）

【自然电位泥岩基线 spontaneous potential shale baseline 】 一个井段内较厚的泥岩层的自然电位曲线构成的直线段。简称泥岩基线。实测自然电位曲线没有绝对的零点，而是以井段中较厚的泥岩层的自然电位曲线为基线。

泥岩的自然电位曲线不但比较平直，而且在一个井段内相邻泥岩的自然电位曲线大体上构成一条竖直或略有倾斜的直线，而储层的自然电位曲线则偏离这条直线。泥岩基线是认识和应用自然电位曲线的基础。

（邓少贵）

【自然电位异常 spontaneous potential anomalies 】 自然电流在流经钻井液等效电阻上的电位降。储层自然电位曲线相对基线偏向低电位一方时的异常称为负异常，其偏离泥岩基线的最大幅度是该异常的大小。

在厚的完全含水纯砂岩地层，测量得到的自然电位可以看作是静自然电位；对于薄层，自然电位幅度小于静自然电位；对于含油气地层，自然电位幅度小于静自然电位。

（邓少贵）

【电阻率测井 resistivity logging 】 测量地层岩石电阻率的电法测井。对地层通以电流，测量地层电阻率，以此来区分钻井所穿过地层岩石的性质，进而划分油、气、水层。电阻率测井原理如图所示，测井时将电极系放入井中，A、B 为供电电极，对地层供给电流，M、N 为测量电极，进行电位差测量，这个电位差反映了地层电阻率的变化。由于测量范围包含了地层和钻井液侵入带（钻井液滤液进入井壁部分），因此测量的电阻率不是地层的真电阻率而是视电阻率。通常电阻率测井和自然电位测井同时进行。为了消除井和侵入带对电阻率测井电流分布的影响，需要测量探测深度不同的多条电阻率测井曲线，经过处理后才能得到地层真电阻率。

电阻率测井的主要用途是划分不同岩性的地层，确定油、气层位置和厚度，计算储层的含油饱和度，为计算油藏储量提供依据。

从 1927 年测得第一条电阻率测井曲线开始，电阻率测井就一直是测井的主要方法之一。为了提供既有径向探测深度深又有纵向分辨率高的电阻率测井，1952 年提出了聚焦电流型测井，从最初的*七侧向测井*、*三侧向测井*发展到后来的*双侧向测井*。为了更好地研究井的侵入剖面，20 世纪 90 年代发展了阵列侧向测井和方位电阻率成像测井。为了求取钻井液侵入带和冲洗带电阻率，20 世纪 50—60 年代发展了径向探测深度浅的微小尺寸电极系电阻率测井系列，即*微电极测井*、*微侧向测井*和*微球形聚焦测井*等。

电阻率测井是研究有井条件下、有限厚地层中电场的分布问题。电阻率测井的工作频率很低，可视为直流场，应用拉普拉斯方程可求解井周电位场分布。电阻率测井的研究内容为：通过数值模拟研究井周三维空间的电场分布和测井响应，以此提供电极系设计的依据，并且消除环境影响实现电阻率测井的快速"反演"；通过物理模拟、实验室岩样测量，研究电阻率与地层孔隙度、渗透率、含油饱和度等参数间的关系，建立电阻率测井所需的合理地质解释模型；通过数值模拟和物理模拟，研究电阻率测井新方法、新仪器。

电阻率测井发展的方向是：（1）研制纵向分辨率高、径向探测深度大的电阻率测井仪器；（2）研究和提高套管井地层电阻率测井、随钻电阻率测井方法和仪器。

（冯启宁）

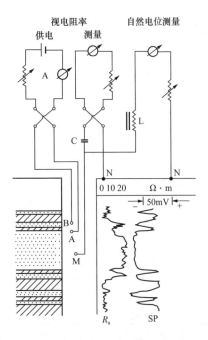

电阻率测井原理示意图
R_a—地层电阻率测井曲线；
SP—自然电位测井曲线

【**梯度电极系测井 lateral log**】 根据电场中电位梯度分布特征研究岩层电阻率的测井方法。其特点是成对电极之间的距离小于不成对电极之间的距离。测量电极之间的电位差基本上和成对电极之间的电位梯度成比例。梯度电极系的记录点是成对电极的中点，记为 O。单电极到记录点的距离是电极距，通常记为 AO

（或MO）（见表）。根据梯度电极系曲线极大值位置，可定出岩层界面。其探测范围是以单电极为球心，以电极距为半径的球体。

梯度电极系分类

类型	单极供电梯度电极系		双极供电梯度电极系	
	正装	倒装	正装	倒装
图示	A ● ⋮ M ● O＋ N ●	N ● O＋ M ● ⋮ A ●	M ● ⋮ A ● O＋ B ●	B ● O＋ A ● ⋮ M ●
电极距	AO	AO	MO	MO
电极系全称	单极供电正底部梯度电极系	单极供电顶部梯度电极系	双极供电底部梯度电极系	双极供电顶部梯度电极系

梯度电极系可分为单极供电梯度电极系和双极供电梯度电极系；根据单电极在成对电极的上方或下方，梯度电极系又可分为底部梯度电极系和顶部梯度电极系。底部梯度电极系又称为正装梯度电极系，其视电阻率曲线在高阻层底界面出现极大值，而在顶界面出现极小值；顶部梯度电极系又称为倒装梯度电极系，其视电阻率曲线在高阻层顶界面出现极大值，而在底界面出现极小值。测井中一般常用底部梯度电极系。

（邓少贵）

【**电位电极系测井** potential electrode log】 根据电场中电位分布特点研究岩层电阻率的测井方法。其特点是电极系的成对电极之间的距离大于不成对电极之间的距离。这时，两个电极 M、N 之间的电位差基本上等于 M 电极在 A 极电流场中的电位。电位电极系的记录点是 AM 两电极的中点，电极距为 A 与 M 两电极之间的距离 AM，通常记为 L。AM 的中点 O 为电位电极系的深度记录点。在某一位置上测到的视电阻率看作深度记录点上的视电阻率，其探测半径为 2AM。

按照单电极供电或成对电极供电，电位电极系可分为单极供电电位电极系和双极供电电位电极系；根据单电极在成对电极的上方或下方，电位电极系又可分为正装电位电极系和倒装电位电极系（见表）。

电位电极系分类

类型	单极供电电位电极系		双极供电电位电极系	
	正装	倒装	正装	倒装
图示	O⊕A / M ··· N	N ··· O⊕M / A	O⊕M / A ··· B	B ··· O⊕A / M
电极距	AM	AM	AM	AM
电极系全名	单极供电正装电位电极系	单极供电倒装电位电极系	双极供电正装电位电极系	双极供电倒装电位电极系

（邓少贵）

【微电极测井 microelectrode log】 使用微小尺寸普通电极系测量地层岩石电阻率的电阻率测井方法。将普通电极系中的供电电极和测量电极的间距缩小到几厘米，形成微电极系。将三个相距 2.5cm 的钮扣电极 A、M_1、M_2 安装在硬橡胶绝缘极板上，A、M_1、M_2 电极组成微梯度电极系，A、M_2 电极组成微电位电极系。将微电极系的绝缘极板作为三个互成 120° 的弹簧扶正器的一个臂（见图）。测井时，弹簧片扶正器使电极系紧贴井壁，克服钻井液对测量结果的影响，并同时测量微电位和微梯度曲线。

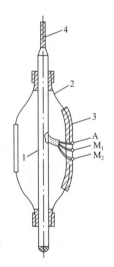

微电极测井电极系结构示意图
1—仪器主体；2—弹簧片；3—绝缘极板；4—电缆

微电极系的径向探测深度小于微电位电极系。微梯度电极系测井主要反映滤饼（见裸眼井测井）电阻率的影响；微电位电极系测井主要反映冲洗带电阻率的影响。在渗透性地层中两种电极系的测井曲线存在幅度差。当微电位电极系测井曲线幅度大于微梯度电极系测井曲线幅度时称"正幅度差"，反之称"负幅度差"。根据微电极测井曲线幅度差可划分岩性，寻找渗透性地层。在含油砂岩和含水砂岩处的测井曲线都有明显的幅度差，如果岩性相同，含水砂岩的测井曲线幅度差略小于含油砂岩测井曲线幅度差。泥岩的微电极测井曲线幅度极低，且没有幅度差或者是很小的正负不定的幅度差。用微电极测井曲线可划分厚度为 0.2m，甚至 0.1m 的薄地层。

📝 推荐书目

张庚骥 . 电法测井［M］. 北京：石油工业出版社，1984.

（冯启宁）

【侧向测井 laterolog】 采用聚焦电极系测量地层岩石电阻率的电阻率测井方法。又称*电流聚焦测井*。聚焦电极系是在主电极的上、下放置屏蔽电极，主电极和屏蔽电极的电位相等，使主电极电流受屏蔽电极的排斥而径向聚焦流入地层，减少在地层中的纵向分布。它的优点是在低钻井液电阻率的井中测量高电阻率薄层时，可以减小钻井液对电流的分流和低电阻围岩的影响。根据电极的构成和不同的组合分为双侧向测井、三侧向测井、七侧向测井、微侧向测井、微球形聚焦测井、邻近侧向测井和阵列侧向测井等。

【双侧向测井 dual laterolog】 采用聚焦电极系同时测量深、浅两种径向探测深度电阻率曲线的侧向测井方法。它的电极系与七侧向测井类似，不同的是在七侧向测井电极系外侧增加两个柱状屏蔽电极 A_2 和 A_2'（见图）。当用作深侧向测井时，A_1 与 A_1'、A_2 与 A_2' 共同构成屏蔽电极，以增大径向探测深度，如图的左半部所示；当用作浅侧向测井时，A_1 与 A_2 作为屏蔽电极，A_1'、A_2' 作为主电流 I_0 与屏蔽电流 I_s 的回路电极，使电流聚焦变弱，从而使径向探测深度变浅，如图的右半部所示。

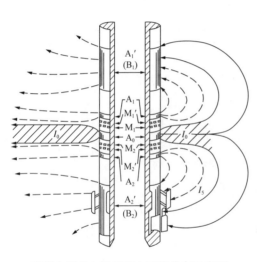

双侧向测井电极系和电流线分布示意图

双侧向测井的测量过程和三侧向测井、七侧向测井的测量过程类似，通过在测量过程中自动调节主电流 I_0 和屏蔽电流 I_s，使监督电极 M_1 与 M_1'（M_2 与 M_2'）间电位差为零，主电流聚焦流入地层。测量 I_0 和任一监督电极（如 M_1）与无穷远电极 N 间的电位差，经刻度后即可得到视电阻率曲线。

双侧向测井的深侧向测井主要反映原状地层电阻率，而浅侧向测井主要反映侵入带电阻率，因此利用深、浅侧向测井两条视电阻率曲线的重叠法，就可以快速直观地判断出油气、水层。对于油气层，双侧向测井视电阻率曲线呈现正幅度差（深侧向测井曲线幅度值大于浅侧向测井曲线幅度值），对于水层则呈现负幅度差，但是当钻井液滤液的侵入深度与深侧向测井的探测深度相近时，无论是油气层还是水层，深、浅侧向测井幅度差很小或没有。通过对双侧向测井曲线的快速"反演"，可以消除井和围岩的影响，得到地层真电阻率和侵入带电阻率和侵入带直径，进而计算储层的含油饱和度。在裂缝性致密砂岩或碳酸盐岩中，由于裂缝电性的各向异性，双侧向测井也可用于识别与评价裂缝性储层。

　　双侧向测井的径向探测深度大于七侧向测井和三侧向测井的探测深度，而纵向分辨率介于二者之间，为 0.5～0.6m。由于兼顾三侧向测井和七侧向测井的优点，双侧向测井已替代三侧向测井和七侧向测井，成为电法测井的主要方法之一。双侧向测井采用聚焦电极系，它适用于高电阻率地层。

📝 推荐书目

《测井学》编写组．测井学［M］．北京：石油工业出版社，1998.

（冯启宁）

【七侧向测井 seven-electrode laterolog】 由七个体积较小的环状电极组成电极系，主电极和屏蔽电极通以极性相同的主电流 I_0 和屏蔽电流 I_s，保持 I_0 不变，通过自动调节 I_s 使两对监督电极保持相同电位，迫使主电流 I_0 沿径向聚焦流入地层，测量监督电极 M_1 和无穷远电极 N 间的电位差，从而测得反映地层电阻率变化的侧向测井方法。又称七电极侧向测井，简称七侧向，记为 LL7。A_0 是主电极，M_1 和 M_2、M_1' 和 M_2' 是两对监督电极，A_1、A_1' 是一对屏蔽电极，这三对电极相对 A_0 对称排列，每对电极短路相接，具有相同电位。七侧向测井分为深七侧向测井和浅七侧向测井（见图）。浅七侧向测井是在屏蔽电极的外侧增加一对回路电极 B_1 和 B_1'；深七侧向测井的电极距为 0.63m，浅七侧向测井的电极距为 0.44m。七侧向测井的纵向分辨率低于三侧向测井，径向探测深度大于三侧向测井。

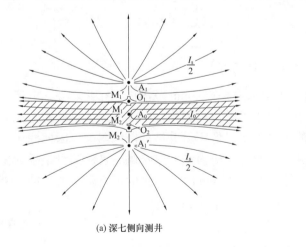

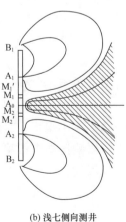

(a) 深七侧向测井　　　　　　　　　　(b) 浅七侧向测井

七侧向电极系和电流分布示意图

推荐书目

张庚骥.电法测井［M］.东营：石油大学出版社，1996.

（冯启宁　邓少贵）

【微侧向测井 micro laterolog】　将聚焦电极系的尺寸缩小到 1～2cm 的侧向测井方法。微侧向测井主要用于确定冲洗带电阻率。

微侧向测井仪器的整体结构类似于微电极测井仪器的结构。在压向井壁的绝缘板上采用聚焦电极系（见图），它的中心电极 A_0 是主电极，与 A_0 同心的环形电极 M_1、M_2 是测量电极，A_1 是屏蔽电极。A_0 与 M_1 的距离是 1.6cm，M_1 与 M_2、M_2 与 A_1 间的距离都是 1.2cm。测量时，A_0 电极流出主电流 I_0，A_1 电极供以屏蔽电流 I_s，I_0 与 I_s 极性相同，I_0 保持恒定，自动调节 I_s 使 M_1、M_2 间电位差为零，测量 M_1（或 M_2）和无穷远电极 N 间的电位差，从而得到微侧向测井视电阻率曲线。由于屏蔽电流的作用，主电流束大约以 44mm 的平均厚度流向地层。

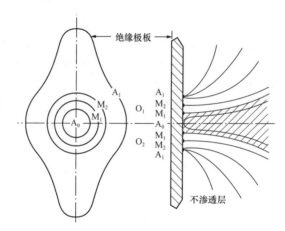

微侧向测井电极系和电流线分布示意图

由于电极距小，主电流的作用范围在 75mm 范围内，在此之外，电流束很分散，介质对它的影响很小。由于主电流被聚焦，电流流经滤饼的距离比流经冲洗带的距离小得多，且滤饼电阻率又低于钻井液滤液电阻率，因此滤饼对测量结果的影响比微电极测井小。此外，极板和井壁接触不良对测量结果的影响也比微电极测井小。当滤饼厚度小于 10mm 时，测量的视电阻率就是冲洗带电阻率。

（冯启宁）

【三侧向测井 three-electrode laterolog】　由三个柱状金属电极（A_1、A_0、A_2）组

成电极系，保持 I_0 为常数，采取自动控制 I_s 的方法，使 A_1、A_0、A_2 电极的电位相等，测量 A_1 和无穷远电极 N 之间的电位差从而测得三侧向视电阻率的侧向测井方法。又称三电极侧向测井，简称三侧向，记为 LL3。15cm 长的主电极 A_0 位于中间，较长的屏蔽电极 A_1 和 A_2 对称地排在 A_0 的两端，电极间用绝缘材料隔开，A_1 与 A_2 短路相接（见图 1）。为了使主电流聚焦流入地层，不仅要使主电极和屏蔽电极通以极性相同的主电流 I_0 和屏蔽电流 I_s，而且要使电流回路的回流电极 B 远离屏蔽电极。测井时，三侧向测井电极系中主电极 A_0 短，有高的纵向分辨率，主电极

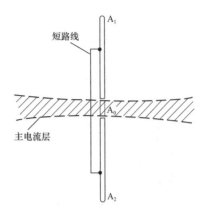

图 1 三侧向测井电极系
和主电流层示意图

越短分层能力越强。由于屏蔽电极的长度有限，三侧向测井的径向探测深度不太深。

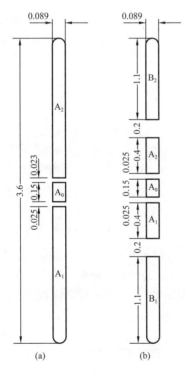

图 2 三侧向电极系结构

三电极侧向测井有深、浅两种探测模式，与七侧向测井相比，三侧向测井纵向分层能力更好，纵向分辨率可达 0.2m。

深三侧向测井：三侧向电极系结构如图 2（a）所示，它由三个圆柱状金属电极组成，电极间用绝缘片隔开。中间 A_0 为主电极，A_1 和 A_2 为聚焦电极，在上方较远处设有回流电极 B 和对比电极 N。主电极 A_0 恒流发出主电流 I_0，A_1 和 A_2 发出与 I_0 同极性的屏蔽电流 I_s，迫使主电流呈圆盘状径向流入地层。深三侧向测井主要用于反映原状地层电阻率。

浅三侧向测井：电极系结构如图 2（b）所示，包括缩短的屏蔽电极 A_1 和 A_2，离屏蔽电极较近处放置回路电极 B_1、B_2。与深三侧向测井相比，相当于深侧向屏蔽电极的一部分仍为屏蔽电极，另一部分改为回路电极。这样使得主电流进入地层不远处即开始发散。浅三侧向测井主要反映井壁附近岩层电阻率的变化。

📖 推荐书目

张庚骥.电法测井［M］.东营：石油大学出版社，1996.

（冯启宁　邓少贵）

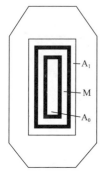

邻近侧向测井
电极系示意图

【邻近侧向测井 proximity log】　在压向井壁的绝缘极板上加大聚焦电极系电极截面积的侧向测井方法。电极系结构如图所示，A_0、M 和 A_1 电极分别为主电极、测量电极和屏蔽电极。A_0 和 A_1 提供相同极性的主电流 I_0 和屏蔽电流 I_s。测井时，调节主电流 I_0 使 M 电极和 A_0 电极的电位相等，测量 M 电极和无穷远电极 N 间的电位差，经刻度后得到视电阻率曲线。

由于主电极和屏蔽电极的截面大，因而邻近侧向测井的聚焦深度比微侧向测井大，能微侧向测井电极系和电流线分布探测 150～250mm 范围内地层的电阻率，测量结果受滤饼的影响小，在滤饼厚度小于 19mm 时，测得的视电阻率值可视为冲洗带电阻率。由于探测深度深，测量结果受原状地层影响大，只有当侵入带直径大于 1m 时，才可认为测得的冲洗带电阻率不受原状地层电阻率影响。邻近侧向测井虽然降低了滤饼的影响但却增大了原状地层的影响。

（冯启宁）

【阵列侧向测井 array laterolog】　通过多个电极的不同组合，同时测量多条不同径向探测深度电阻率曲线的侧向测井方法。阵列侧向测井的电极系由一个主电极 A_0 和多对辅助电极组成（见图），每对辅助电极都对称排列在 A_0 两侧。如中国研制的阵列侧向测井采用 4 对辅助电极 A_1（A_1'）、A_2（A_2'）、A_3（A_3'）和 A_4（A_4'），测量 4 条不同探测深度的侧向测井曲线。当辅助电极 A_1（A_1'）作为屏蔽电极并与主电极电位相同，使主电极发出的主电流 I_0 聚焦进入地层，余下的 A_2（A_2'）、A_3（A_3'）和 A_4（A_4'）则作为回流电极，测得径向探测深度最浅的视电阻率曲线。随着屏蔽电极数增加，余下作为回流电极的辅助电极数则减少，主电流聚焦进入地层加深，径向探测深度增大。直到 A_1（A_1'）、A_2（A_2'）、A_3（A_3'）和 A_4（A_4'）都作为屏蔽电极与主电极电位相同，使 I_0 深入地层，而远离电极系的铠装电缆钢丝外皮作为回流电极 B，测得径向探测深度最深的视电阻率曲线。测量主电极 A_0 相对电缆外皮的电位和 I_0 则可计算地层的视电阻率。高分辨率阵列侧向测井仪辅助电极有 6 对，测量 6 条视电阻率曲线，径向探测深度最浅的是井内钻井液电阻率，其余 5 条是不同径向探测深度的地层视电阻率曲线。

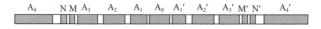

阵列侧向测井电极系示意图

　　阵列侧向测井可测量多条不同径向探测深度的视电阻率曲线，由此可以清楚地了解钻井液侵入地层的情况，通过反演求准地层电阻率和侵入带直径等参数。阵列侧向测井的纵向分辨率高于双侧向测井的纵向分辨率，可以划分0.3～0.6m厚的薄地层；阵列侧向测井可提供快速的一维反演算法，在井场对测井资料进行实时处理，就可求得原状地层电阻率；也可提供二维成像反演算法，在测井后期处理资料，给出电阻率径向分布图像。

（冯启宁）

【微球形聚焦测井 micro spherically focused log】 将球形聚焦测井电极系尺寸缩小到几厘米的电阻率测井方法。由于井筒、钻井液和围岩的存在使普通电极系电阻率测井产生的球形等电位面发生失真，使用电流聚焦的原理，使等电位面最大限度地保持球形，从而消除井筒、钻井液和围岩对测量的影响。

　　微球形聚焦测井仪器结构类似于微电极测井或微侧向测井的仪器结构。在压向井壁的绝缘极板上采用矩形聚焦电极系（见图），主电极 A_0 是长方形，依次向外的两个矩形框电极分别为测量电极 M_0 和辅助电极 A_1，再往外是两对一字形监督电极 M_1、M_2 和 M_1'、M_2'，上下对称排列并彼此相连。绝缘极板的金属支撑板作为回流电极 B。主电极输出的电流一部分流入回流电极 B 为主电流 I_0；另一部分流入辅助电极 A_1 为辅助电流 I_a。测井时，通过自动调节 I_0 和 I_a 使监督电极 M_1 和 M_2 间电位差为零，测量电极 M_0 和监督电极 M_1 间电位差为一常数，从而使辅助电流在滤饼中流动，而 I_0 在冲洗带中流

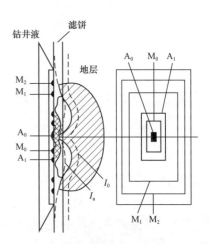

微球形聚焦测井电极系及电流
分布示意图

动，I_0 的大小反映冲洗带电阻率的变化。由于冲洗带范围内电阻率是不变的，因而 I_0 的电流线呈辐射状，保持了球形等电位面。

　　微球形聚焦测井通过调节主电极 A_0 流出电流的分配和路径变化，使主电流 I_0 既不聚焦过深又受滤饼影响较小，兼顾了微侧向测井和邻近侧向测井的优点。当滤饼厚度在 3.18～19.1mm 范围内时，微球形聚焦测井所测得的视电阻率可视为冲洗带电阻率。它是测量冲洗带电阻率的主要方法，和双侧向测井组合测得深、中、浅三种探测深度的视电阻率曲线，分别反映原状地层、侵入带和冲洗带的电阻率，由此可以直观判断可动油气的流动情况。

📝 推荐书目

《测井学》编写组．测井学［M］．北京：石油工业出版社，1998．

（冯启宁）

【感应测井 induction log】 利用电磁感应原理，采用线圈系（几个线圈的组合）测量地层电导率的电法测井方法。

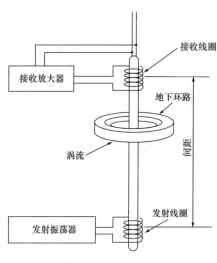

由正弦波振荡器产生的频率为20kHz、强度一定的交流电激励发射线圈，这个电流会在井周围地层中形成交变电磁场。设想把地层分割成许多以井轴为中心的地层单元环，每个地层单元环就相当于具有一定电导率的线圈。发射电流所形成的交变电磁场会在这些地层单元环中产生感应电动势，并形成感应电流（涡流），其涡流的大小取决于地层电导率。地层中的涡流又会形成二次交变电磁场，在接收线圈中产生感应电动势，因此，接收线圈所测得的电压正比于地层电导率（见图）。接收线圈中的感应电动势除二次电磁场产生的感应电动势外，也包含了发射电流形成的一次

感应测井原理示意图

电磁场产生的感应电动势。这种由发射线圈对接收线圈直接耦合产生的感应电动势与地层电导率无关，在测井过程中被消除掉。由于测井仪器周围介质的非均匀性，感应测井测得的是视电导率，视电导率是空间中多个单元环电导率的加权平均值，其权系数称为几何因子。几何因子表示空间中各单元环电导率对测量值相对贡献的大小。几何因子理论对感应测井的发展起了重要作用。

为适应油基钻井液和空气钻井的需要，1947年道尔发明了感应测井。其探测特性与线圈系设计、发射电流频率等有关。最初是六线圈双感应测井，此后发展了相量感应测井，使测得的地层视电阻率更接近真电阻率。20世纪80年代后出现了阵列感应测井，可测得地层电阻率在径向上的变化，提高了寻找油、气层的能力。近年来又发展了多分量感应测井，采用3个彼此垂直的发射线圈和接收线圈，接收各方向的地层信息，经过数据处理得到9个电导率分量，用于研究各向异性地层，并对在大斜度井及垂直井的薄互层中寻找油、气层有好的效果。

感应测井适用于低电阻率砂岩—泥质砂岩剖面地层，在测量高电阻率地层

时分辨率降低。主要用于确定地层电导率，划分岩性，寻找油、气层，计算含油饱和度。

📝 推荐书目

张庚骥. 电法测井［M］. 北京：石油工业出版社，1984.

（冯启宁）

【几何因子 geometric factor】 感应测井仪器单元环产生的有用信号占整个均匀介质有用信号的百分数，是单元环和线圈系的尺寸及其相对位置的函数。

认为线圈系周围介质由无数个截面积为 $drdz$、半径不同、以井轴为中心的单元环组成，发射线圈在单元环中引起涡旋电流，而这些涡旋电流又在接收线圈中产生感应电动势（有用信号），且认为各个单元环独立存在不相互影响，接收线圈有用信号是这些单元环信号产生的信号之和。几何因子包括：

径向微分几何因子：半径为 r、单位壁厚的无限延伸圆筒形介质对测量的视电导率的相对贡献。

径向积分几何因子：半径为 r 的无限延伸整个圆柱状介质对测量结果的相对贡献。

纵向微分几何因子：坐标为 z 的单位厚度水平无限大薄层对感应测井视电导率的相对贡献。

纵向积分几何因子：正对线圈中点、厚度为 H 的水平地层对视电导率的相对贡献。

（邓少贵）

【双感应测井 dual induction log】 使用复合线圈系在径向上同时测量中、深两种径向探测深度电导率的感应测井方法。双感应测井仪器采用多个线圈组合的复合线圈系，以减小井内钻井液电阻率和围岩电阻率对目的层测量的影响。

复合线圈系设计原则是：（1）主线圈内侧串接补偿线圈，其绕制方向与主线圈相反，以消除井和井眼附近介质对测量的影响。（2）主线圈外侧串接聚焦线圈，其绕制方向与主线圈相反，以消除围岩对目的层测量的影响。（3）线圈间的直接耦合信号近于零。（4）高信噪比。（5）复合线圈系与其等效的双线圈系具有相同的径向探测深度。

中国常用的 1503 双感应测井仪的线圈系是由 11 个线圈组成的复合线圈系（见图）。T_1、T_2、T_3 为发射线圈，R_1、R_2、R_3 为深感应测井的接收线圈，r_1、r_2、r_3、r_4、r_5 为中感应测井的接收线圈。深感应测井的探测深度为 1.65m，中感应测井的探测深度为 0.78m。

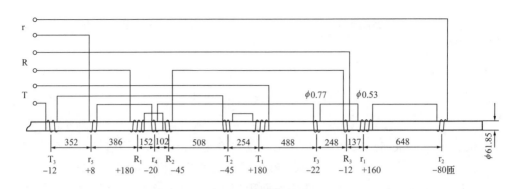

双感应测井仪线圈系结构示意图

T—双感应发射线圈；R—深感应接收线圈；r—中感应接收线圈

（冯启宁）

【**阵列感应测井 array induction log**】 采用多个感应测井单线圈系的组合，对测量的信号进行数字处理后，得到多种不同径向探测深度的电导率曲线，进而给出沿井身径向电阻率剖面图像的感应测井方法。阵列感应测井采用软件聚焦方法对所有原始信号进行数字处理，得到 3 种纵向分辨率和 5 种径向探测深度的测井曲线，这些曲线不同于任何一组线圈系的响应，而相当于各组线圈系响应的加权。

斯伦贝谢公司的阵列感应测井仪器，采用 1 个发射线圈和 8 组接收线圈，使用两种工作频率，测量 28 个原始信号，并对信号进行数字处理。俄罗斯采用等参数原理，设计了可使用多种工作频率、测量 4 种或 5 种径向探测深度的电导率曲线的阵列感应测井仪，最高工作频率达 14MHz。

阵列感应测井得到的多条不同径向探测深度的电导率曲线，主要用于研究井周介质的径向变化和钻井液侵入情况，计算地层电导率，进而得到储层含油饱和度。如斯伦贝谢公司的阵列感应测井有 AIT-B 型、AIT-H 型两种结构的线圈系（见图），可以得到 3 种不同纵向分辨率（30.5cm、61cm、122cm）和 5 种不同径向探测深度（25.4cm、50.8cm、76.2cm、152.4cm、228.6cm）的电导率曲线。不同纵向分辨率的曲线有不同应用：30.5cm 的曲线用于

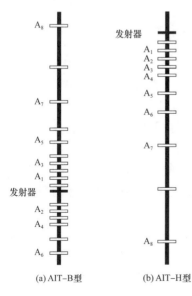

(a) AIT-B 型　　　(b) AIT-H 型

阵列感应测井仪线圈系结构示意图

划分薄地层；61cm 的曲线可与相量感应测井进行对比；122cm 的曲线可与双感应测井进行对比，用于对老井测井资料进行研究。5 种不同径向探测深度的电导率曲线，可用于研究钻井液侵入地层所产生的复杂情况。在钻井液矿化度很高的井中应用阵列感应测井仍受到限制。此外，在处理方法中如权函数选取等还有待进一步完善。

（冯启宁）

【多分量感应测井 multi-component induction log】 采用三个相互正交的发射线圈及接收线圈，利用不同方向发射源产生的电磁场，在每个测量点上同时测量九个不同分量的感应测井方法。

多分量感应测井主要是针对各向异性地层的勘探与开发提出的，相比于普通感应测井方法，多分量感应测井从三维角度能全面识别地层特性，可用于直井或斜井、水平井，可使径向探测深度更深，纵向分辨率更强；对薄互层、复杂储层探测具有明显优势，能提取地层的水平和垂直电阻率，是研究地层各向异性的重要方法。其工作频率范围通常为 20～400kHz。

（邓少贵）

【电磁波测井 electromagnetic wave log】 依据电磁波在介质中的传播理论，测量地层的介电常数和电导率的电测井方法。介电常数表征介质的极化能力，水是极性分子，其相对介电常数比岩石、矿物、石油、天然气的相对介电常数大一个数量级，而且受矿化度变化影响小。因此，在地层水矿化度变化的井段，用介电常数区分油、水层和水淹层比用电阻率区分更有效。

电磁波在介质中传播时，无论是电场强度还是磁场强度都会发生幅度衰减和相位变化，幅度、相位的变化大小取决于介质的电导率、介电常数、磁导率和电磁波频率。对于沉积岩地层，其磁导率和真空磁导率通常差别很小，对测量的影响可以不计。电磁波频率高于 1MHz，介电常数对其传播的影响逐渐起作用。低频双感应测井常和径向探测深度浅的微球形聚焦测井共同应用，测得径向深、中、浅三种探测深度的测井曲线，用于确定原状地层电阻率和钻井液滤液侵入带深度，判断油、气层，计算储层的含油饱和度。频率低于 1MHz，电磁波在地层中的传播主要受电导率的影响，介电常数的影响可以忽略。当电磁波频率为 1～100MHz，传播过程中同时受电导率和介电常数的影响。频率高于 100MHz，电磁波在地层中的传播主要受介电常数影响，而电导率的影响可以忽略。因此，各种电磁波测井的工作频率一般选在 1～1000MHz 范围内。

20 世纪 70 年代末期才开始利用电磁波测井寻找油、气层。现有的电磁波测井主要有：电磁波频率为几兆到十几兆赫兹的电导率测井（俗称"高频感应测井"）、电磁波频率为 60MHz 的相位介电测井、电磁波频率为 47MHz 和 200MHz 的双频介电测井及电磁波频率为 1.1GHz 的电磁波传播测井。这些测井方法都是通过测量电磁波在地层传播过程中相位或幅度的变化，进而计算地层的介电常数或电导率。发射频率低于 100MHz 的仪器，发射器和接收器都采用线圈，而高于 100MHz 的仪器，发射器和接收器都采用开槽空腔天线。

📖 推荐书目

冯启宁.测井仪器原理［M］.东营：石油大学出版社，1991.

（冯启宁）

【介电测井 dielectric log】 通过发射天线发射电磁波，根据接收天线信号确定岩石介电常数（ε）来区别岩层的电磁波测井方法。分为相位介电测井和双频介电测井。

介电测井是 19 世纪 70 年代提出的一种测量岩石介电常数的测井方法，其基本原理是通过发射天线发射高频或特高频电磁波，在周围的岩石中感应出涡流，感应电流的传导分量与介质的导电性有关，位移分量与岩石的介电常数有关，通过测量涡流的位移电流分量即可获取岩石的介电常数信息。岩石的介电性质只有在高频交变电场下才能清楚地表现出来，因此，介电测井通常采用高频电磁波发射源。

地层的总介电常数随地层中含水量的增高而明显增加。介电测井可以用于区分含油气和含水层，计算含油气饱和度。

📖 推荐书目

丁次乾.矿场地球物理［M］.东营：石油大学出版社，2002.

（邓少贵）

【相位介电测井 phase dielectric log】 测量电磁波沿地层传播时发生的相位变化，从而确定地层介电常数的电磁波测井方法。电磁波在地层中传播时，发生相位变化和幅度衰减，通常用相位常数和衰减系数表示。相位常数表示电磁波传播过程中单位波长的相位变化。当电磁波频率很高时，影响相位常数的主要因素是地层的介电常数，地层电导率的影响可以忽略，测量相隔一定间距的两个接收器间的电磁波相位差，可以确定地层的介电常数。

20 世纪 60—70 年代，苏联和中国相继研制了相位介电测井仪，发射器和接收器都采用线圈（见图）。发射线圈发射 60MHz 的射频电磁波沿井筒和地层传播，两个接收线圈将接收的信号分别经高频放大器后送混频器，混频后的中频信号经中频放大、限幅和整形后，两个信号送到鉴相器，将相位差转变为直流电压，再经功率放大后，沿电缆送至地面仪器。两个接收线圈的中点距发射线圈的距离是 0.8～1.2m，它决定仪器的探测深度；两接收线圈相距 0.2～0.4m，它决定仪器的分层能力。相位介电测井适用于高电阻率地层，当地层电阻率低于 50Ω·m 时，必须进行电导率校正，当地层电阻率低于 10Ω·m 时，电导率影响占主导地位。

相位介电测井主要用于划分岩性，区分油、水层，判断中、高含水的水淹层。

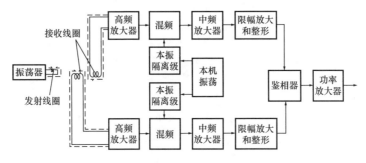

相位介电测井仪电路框图

（冯启宁）

【双频介电测井 dual frequency dielectric log】 在一次测井中，同时使用两种频率电磁波进行介电常数测量的电磁波测井方法。电磁波在介质中传播时会发生相位变化和幅度衰减，当电磁场强度衰减到原有值的 $1/e$，即 36.8% 时，电磁波所穿过的深度称传播深度或趋肤深度，传播深度与电磁波频率成反比，因此，随着介电测井选用的电磁波频率越高，对地层的探测深度就越浅，为了得到径向上深、浅两种探测范围，选用低和高两种频率的电磁波，通常选用 47MHz 和 200MHz，前者的径向探测深度较深，后者的径向探测深度较浅。此外，47MHz 电磁波介电测井结果受电导率的影响大，200MHz 电磁波介电测井结果受介电常数影响大。双频组合测量，能更好地求取介电常数和高频电导率。

频率为 47MHz 和 200MHz 的介电测井下井仪器采用相同的原理电路（频率 47MHz 电磁波介电测井仪电路见图），二者的差别在于 47MHz 电磁波测井仪采用线圈发射和接收电磁波，而 200MHz 电磁波介电测井仪是在贴向井壁的极板上安装开槽空腔谐振器作为发射和接收天线。为了消除井身不规则给传播路径带来的影响，采用两个发射天线并分别置于两个接收天线的上和下，测井时上、下天线交替发射。由于 200MHz 电磁波介电测井仪的径向探测深度浅，因此，发射天线距近接收天线的距离是 25.4cm，与远接收天线的距离是 33cm。47MHz 电磁波的传播不如 200MHz 电磁波传播的测量结果好。

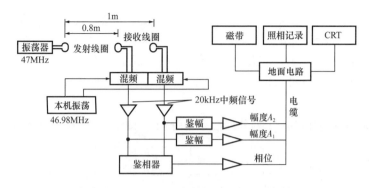

频率为47MHz电磁波介电测井仪电路框图

推荐书目

冯启宁.测井仪器原理［M］.东营：石油大学出版社，1991.

（冯启宁）

【电磁波传播测井 electromagnetic wave propagation log】 测量结果只与地层介电常数有关的电磁波测井方法。理论计算和岩样实验表明，当电磁波频率高于800MHz时，电磁波在沉积岩地层中传播过程所发生的幅度衰减和相位变化主要与地层介电常数有关，而地层电导率的影响可以忽略。在这种频率下介电常数的大小主要反映极性分子的转向极化，即与地层孔隙中的含水体积有关。因此，当向地层发射 1.1GHz 电磁波时，测量电磁波在两个接收器间的幅度衰减和传播时间，依此计算可得到地层介电常数与含水饱和度。

由于电磁波传播测井发射的电磁波频率已处于微波频段，因此采用开槽空腔谐振器作为发射和接收天线，两个发射天线分别置于两个接收天线的上、下（见图），并交替发射。空腔谐振器置于贴向井壁的极板上，极板端部为犁形，以便在测量过程中刮掉滤饼紧贴井壁。发射的电磁波一部分从滤饼反射，另一部分由滤饼透射进入地层，沿界面传播再折射到接收器。两个接收天线可测量电磁波的幅度衰减和传播时间，利用衰减值和传播时间可计算介电常数的实部和虚部。

由于发射的电磁波频率已属微波范围，因此电磁波传播测井受地层电导率的影响小，在注水开发地层水矿化度变化的产层，测量效果比介电测井要好。但是，因为发射的电磁波频率太高，在地层中衰减很快，径向探测深度很浅（仅几厘米，只能探测到井眼附近钻井液滤液的冲洗带），所以就限制了它的应用和推广。此外，当地层水矿化度超过 30000mg/L 时，需要进行地层水矿化度校正。

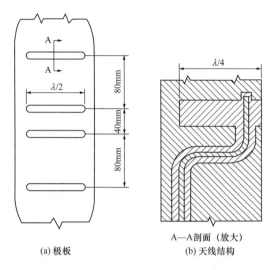

(a) 极板

(b) 天线结构

A—A剖面（放大）

电磁波传播测井仪极板和天线结构示意图

📝 推荐书目

冯启宁. 测井仪器原理［M］. 东营：石油大学出版社，1991.

（冯启宁）

【**随钻电磁波测井** electromagnetic wave logging while drilling 】 利用电磁波传播原理，提供实时地层电阻率信息以实现实时储层评价的一种随钻测井方法。其源距通常为 6～65in，工作频率为 500kHz 或 2MHz，探测范围小于 2m。随钻电磁波测井多称为传统随钻电磁波测井。

典型随钻电磁波测井仪器结构如图所示，其基本仪器结构为一发双收的线圈结构，均为嵌入钻铤外径上同轴线圈，且线圈与仪器轴垂直。根据电磁波传播性质，发射线圈发射单频时谐信号，经当前井筒环境传播后，接收线圈接收信号幅度和相位，通过两接收线圈的相位差和幅度比进行刻度转化为电阻率信息。

随钻电磁波测井多于用大斜度井或水平井条件下测量，在钻井过程中获取电磁信号，评价井眼周围地层参数，但其探测范围

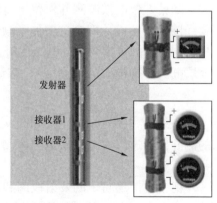

随钻电磁波测井仪器线圈结构示意图

较小，仅能探测井眼附近 1m 范围内的地层信息，且受井眼及仪器结构的影响。为了消除由于线圈结构不对称造成的测井响应复杂化，部分随钻电磁波仪器采

用了对称式结构设计，通过上下两个方向发射信号，通过信号加权叠加的方法进行对称化处理，从而减少井眼、井筒液体等对仪器响应的响应，但其基本测量原理相同。

（邓少贵）

【**随钻方位电磁波测井** azimuthal electromagnetic wave logging while drilling 】 在传统随钻电磁波测井的基础上发展而来，引入倾斜线圈或正交线圈的仪器结构，实时提取方位、各向异性以及电阻率等地层信息，从而实现地质导向与实时储层评价的一种随钻测井方法。其源距通常为 22～112in，工作频率为 100kHz～2MHz，探测范围小于 5m。

典型的随钻方位电磁波测井仪器结构如图所示，不同于传统随钻电磁波仪器结构，随钻方位电磁波测井仪器通过倾斜（或正交线圈）的设置，可以同时测量接收线圈处电场 zz 分量与 zx 分量，其中 z 为仪器轴向方向，x 为接收线圈法线方向，通过定义仪器转动过程中工具面相对两个方向电场相位差与幅度比作为输出信号。

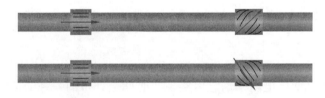

随钻方位电磁波测井仪器线圈结构示意图

随钻方位电磁波测井保留了传统随钻电磁波测井多频率、多源距以及对称式线圈结构的设计理念，增加了倾斜或正交线圈；利用线圈随钻铤的旋转，通过不同位置的接收线圈处电压比值、相位移以及幅度比等，反映倾斜地层边界、地层电性各向异性等地层信息，为钻进作业提供地质导向与实时地层评价。

（邓少贵）

【**随钻感应测井** induction logging while drilling 】 将感应测井方法与随钻相结合的测井仪器进行实时地层电阻率测量的一种随钻测井方法。主要适用于油基钻井液环境。

把相隔一定间距的发射线圈和接收线圈放在井内，给发射线圈中通以稳恒的交流电，交流电在线圈周围地层中将产生变化的磁场（称为一次电磁场），同时变化的磁场在导电的地层中感应出环形涡流，涡流本身又会形成二次交变电磁场，在二次交变电磁场作用下，接收线圈中产生感应电动势，由于涡流的大小是地层电导率的函数，所以它在接收线圈中产生的电动势也是地层电导率的函数。通过测量接收线圈中的感应电动势，再经过适当的信号处理就可以把接收到的电动势转换为地层电导率，进行响应分析、地质导向和地层评价。

随钻感应测井仪器线圈系结构如图所示，仪器的线圈系由一个发射线圈和两个接收线圈组成，线圈缠绕在线圈架上，线圈的外侧有屏蔽层，实现静电屏蔽功能；线圈系放置在钻铤侧面带有反射层的 V 形槽内，测井响应对 V 形槽正面区域地层的电阻率变化敏感。其信号测量方式有两种：一种是相位移信号；另一种是幅度衰减信号。这两种信号对井眼尺寸以及钻井液电阻率敏感性相对较低，当地层与钻井液的电阻率对比度大于 100 时才需要进行井眼校正。

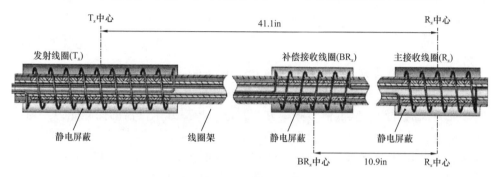

随钻感应测井仪器线圈系结构示意图

（邓少贵）

【随钻侧向测井 lateral resistivity logging while drilling】 侧向电阻率测井与随钻测井技术相结合而成的，在钻井作业的同时，向侧向地层发射电流进行实时地层电阻率测量的一种随钻测井方法。主要适用于水基钻井液环境。

随钻侧向测井原理如图所示，其测量系统由一个螺线环形线圈提供正弦交流激励电压，该电压在钻铤及地层回路中感生电流。两个螺线环形线圈分别检测通过线圈内的轴向电流，两个轴向电流差即为两个检测线圈间钻铤侧向电流，检测线圈的轴向电流即为由钻头附近流入地层的电流。测得两个检测线圈的感应信号即可测量侧向电阻率和近钻头电阻率。

20 世纪 80 年代，斯伦贝谢公司首先推出了采用普通电位电极系的 MWD 短电位电阻率

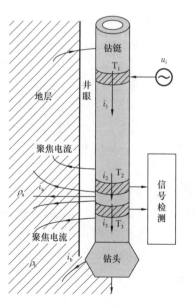

随钻侧向测井原理

测井仪器，并在 80 年代末得到商业性应用，其缺点是受井眼影响大，探测深度浅，且仅能提供一条电阻率曲线。20 世纪 80 年后末，Exploration Logging 公司成功研制了 MWD 聚焦电阻率测井系统 FCR，克服了井眼的影响，但由于电极系绝缘性与耐磨性等存在问题，未能得到商业化应用。20 世纪 90 年代，随钻感应电流型侧向电阻率测井仪发展成熟并投入应用，到 21 世纪发展成为随钻侧向电阻率成像测井，其主要适用于高电阻率地层，缺点是探测深度浅，且仪器成本高。

📖 推荐书目

刘红岐.测井原理与应用［M］.北京：石油工业出版社，2013.

（邓少贵）

【深探测随钻电磁波测井 deep–reading resistivity logging–while–drilling（LWD）】在原有随钻电磁波测井的基础上，为采用单发双收或者双发单收的线圈系结构，通过加大仪器源距、减低信号频率方式，进一步提升了仪器的探测能力。与传统随钻电磁波测井相比，其仪器源距最大可达 12m、工作频率最低仅为 2kHz，能够实现井周十几米范围内地层电阻率信息的测量，但仍不具有方位敏感性（见图）。

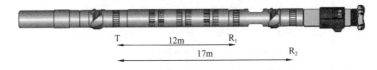

深探测随钻电磁波测井仪器结构示意图

（邓少贵）

【超深探测随钻储层成像测井 ultra deep reservoir mapping–while–drilling】 为了实现油藏尺度地质结构的实时探测与成像，通过增大发射与接收线圈距离（5～35m），同时相应地降低仪器的工作频率（2～96kHz），以获取更大探测范围（最大可达 35m）的一种测井方法。相对于随钻方位电磁波测井，由于源距的增加导致仪器过长，发射和接收天线需采用模块化设计，并根据探测需要动态调节（见图）；此外，探测范围的增加会导致测井响应受地层各向异性影响，故借鉴三轴感应测井方法，利用正交天线实现磁场的全张量测量，通过多分量信号的组合定义，来实现对地层电阻率、各向异性、地层界面及倾角的探测。

R_2 R_1 T

超深探测随钻储层成像测井仪器结构示意图

（邓少贵）

【声波测井 acoustic logging】 测量岩石和井筒介质的声学性质，评价储层性质和井筒技术状况的一系列测井方法的总称。测量的岩石声学性质包括岩石声波速度（简称声速）、声波幅度（简称声幅）、声波在岩石中传播时能量或幅度衰减或井旁声阻抗界面反射及声波频率变化的特征等。测量的井筒技术状况包括测量固井质量、套管外固井水泥返高、套管损坏等。因此，在裸眼井或套管井中都要进行声波测井。

声波测井包括井下声波信息采集、传输、处理和解释等。声波发射换能器和声波接收换能器（俗称探头）组成声系，二者的间距称为源距，声系发射和接收声波信号。发射和接收换能器之间通常置有隔声体（在仪器外壳横向上有许多割缝），以阻止发射的声波沿仪器外壳直接传播到接收换能器。早期的声系由一个圆管状发射换能器和一个接收探头组成（俗称单发单收声系），随后发展成多个发射换能器和多个接收探头组合的阵列声系；2000年以来，还发展了多种频率组合的声频谱测井声系；为了测量记录井壁上的横波，还发展了偶极子（探头）和多极子声系；为了测量声阻抗反射体（如过井或井旁裂缝、缝洞等小型地质构造），还发展了单极反射纵波和偶极反射横波成像测井技术。

分类 声波测井按井筒类型分为裸眼井声波测井和套管井声波测井。前者包括声波速度测井、长源距声波全波列测井、阵列声波测井、偶极横波测井及正交偶极横波测井；后者包括声波幅度测井、声波变密度测井、超声脉冲回波测井、扇区声波水泥胶结测井、噪声测井。按测量方式分为有人工声源声波测井和无人工声源声波测井。

研究内容 岩石矿物和井筒介质的成分、组织结构、弹性力学性质不同，因而声波在其中传播的速度及衰减也不同。根据对声学性质的测量，能够判断井壁岩石的岩性、识别储层、估算储层孔隙度以及检查井筒状况等。

起源与发展 1952年，出现了检查套管外水泥环胶结状况的声波幅度测井，1956年出现了声波速度测井。1979年出现了长源距声波全波列测井，使声波信号的测量从井壁上的纵波首波扩展到滑行纵波、滑行横波、瑞利波和井内管波的完整波列，1990年出现阵列声波测井。1993年出现用偶极子声源产生非对称声场的偶极横波测井或多极子横波测井；20世纪60—90年代，产生了获得井壁直观图像的井壁声波成像测井，发展了三维空间的声波体积扫描测井，还产生了扇区声波水泥胶结测井仪；20 世纪 80 年代还出现了测量记录自然声场的噪声测井和测量井筒流量的超声波流量计。2000 年以来还发展了适应多种频率的声学换能器，测量记录各种不同频率的声波信号在通过井壁岩层后声速的变化，用于评价储层的渗透率、含油气性质及压裂效果等。发展了在套管井内测量记录井内流体的声速，以判断井内流体的相态和持水率的方法及相应的测井仪器，另外，还发展了声反射成像测井方法，记录距井壁以外数米远处声阻抗界面的反射波，可以用来显示与井相交的地质界面、探测井外裂缝或洞穴或断层、在水平井中追踪油储边界等。

应用　根据声波测井资料划分岩性，反演或估算储层的孔隙度、渗透率、岩石弹性力学参数（泊松比、杨氏模量、体积模量、剪切模量等），用来评价裂缝发育程度或油、气、水层以及估算地层各向异性、应力分布，检查固井质量、射孔孔眼—套管损坏及油井出砂、防砂效果等。

📝 推荐书目

楚泽涵.声波测井原理［M］.北京：石油工业出版社，1987.

《测井学》编写组.测井学［M］.北京：石油工业出版社，1998.

（楚泽涵）

【噪声测井 noise logging】　井下不设置人工声源，直接测量井中自然声场的声波测井方法。曾称为自然声波测井。在井下岩层破裂前及破裂时产生的声能，或流体在通过阻流位置（井壁上的缝隙、套管上的孔洞、水泥环中的孔道等）因摩擦而产生的声能，它们会形成自然声场，即噪声。

1966 年在中国四川天然气井进行了自然声波测井。20 世纪 70 年代，国外将声频谱技术用于自然声波测井，形成了噪声测井。20 世纪 90 年代中国大庆油田研制并应用了噪声测井—井温测井—接箍定位器组合仪。

噪声测井接收探头是压电晶体，能把井中流体微小的声信号转换成电压信号（相当于微音器，即"话筒"的作用），电压信号经过放大后送至地面仪。地面仪中有 4～6 个滤波器，其截止频率为 200Hz、600Hz、1000Hz、2000Hz，可绘出每个滤波器的输出噪声信号的频谱（频率和幅度）曲线（见图），单相流时的高幅度从 1000Hz 移向 2000Hz；两相流时的最大幅度在 200～600Hz 之间。依据噪声测井信号的频谱曲线可以判断气、液的流动类型及流量和产层位置；将噪声测井与井温测井资料结合能有效地判断未射孔套管外的窜槽和出砂情况。

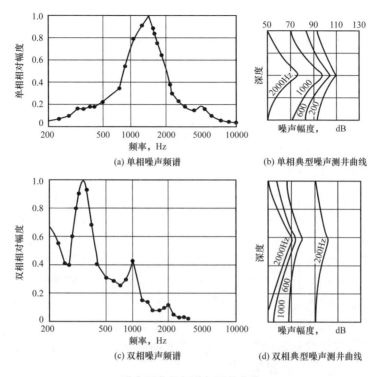

(a) 单相噪声频谱 (b) 单相典型噪声测井曲线

(c) 双相噪声频谱 (d) 双相典型噪声测井曲线

噪声测井的频谱与测井曲线

📝 推荐书目

楚泽涵.声波测井原理［M］.北京：石油工业出版社，1987.

《油气田开发测井技术与应用》编写组.油气田开发测井技术与应用［M］.北京：石油
工业出版社，1995.

（楚泽涵　姜文达）

【**声波速度测井** acoustic velocity logging】
测量地层岩石纵波速度或*声波时差*的声
波测井方法。又称*声波时差测井*，简称
声速测井。

　　声速测井由一个声波发射换能器 T
和间距为 L（通常 L=0.5m）的两个接收
探头 R_1 和 R_2 组成声系，俗称单发双收
声系。T 发射纵波按第一临界角入射进
入井壁地层后转换为*滑行纵波*，滑行纵
波在井壁上传播一定距离 BC、BD 后折

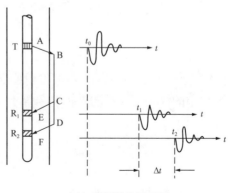

声波速度测井原理图

回井内（见图），被 R_1、R_2 所接收，根据同一声波信号在 R_1 和 R_2 之间传播时间分别为 t_1、t_2，和间距 L 可以计算出井壁岩石的纵波声速。

为克服井筒直径变化成测井仪器对声速测量的影响，发展了双发双收井眼补偿声系，除此之外，还有单发双收声系加地面延迟电路、双发回收声系等。

声波速度测井只测量、记录井壁上滑行波第一个波到达时间。所测量、记录的纵波速度或纵波时差可以用于识别井壁岩层的岩性和计算储层的孔隙度，也为地震解释提供某个特定层位或标准层的纵波速度。

（楚泽涵）

【压电效应 piezoelectric effect】 压电晶体在沿一定方向上受到外力作用而变形时，其内部会产生极化现象，同时在它的两个相对表面上出现正负相反的电荷，当外力去掉后，它又会恢复到不带电状态的现象。现有声波速度测井仪器中的声波换能器所使用的材料大部分是压电陶瓷，它是一种能够将机械能和电能互相转换的信息功能陶瓷材料，这种材料具有压电效应。声波接收换能器利用的是压电陶瓷材料的正压电效应。相反，当在电介质的极化方向上施加电场，这些电介质也会发生变形，电场去掉后，电介质的变形随之消失，这种现象称为逆压电效应。声波发射换能器利用的就是其逆压电效应。

（魏周拓　陈雪莲）

【声波换能器 acoustic transducer】 能够将电能转化为机械能（即声能）传递出去，然后再将接收的机械能（声能）转化为电能的器件。换能器是各种类型发射和接收超声波器件的总称。

（魏周拓　陈雪莲）

【单极子声源 monopole source】 井中的压力脉冲源。一般采用圆管状的声波换能器，以轴对称方式沿着径向膨胀或缩小振动，将声波能量均匀地朝井下各方向辐射。

（魏周拓　陈雪莲）

【临界角 critical angle】 声波发射换能器辐射的声波传播到井壁时，使得透射到地层中的纵波（或横波）折射角等于 90° 时的入射角定义为第一临界角（或第二临界角）。

（魏周拓　陈雪莲）

【源距 receiver offset】 声波发射换能器中点至最近的声波接收换能器中点的距离。泛指各种发射换能器（声源）与接收换能器中点间的距离。

滑行波刚好成为首波的距离称为临界源距，即滑行纵波成为首波的条件是要选择测井源距大于临界源距。

（魏周拓　陈雪莲）

【声波时差 acoustic slowness】 声波在地层中传播 1m 或 1ft 所用的时间，即声波速度的倒数，其常用单位为 μs/m 或 μs/ft。又称慢度。

（魏周拓　陈雪莲）

【声波孔隙度 acoustic porosity】 根据理论计算和实验确定声速或声波时差与孔隙度的关系，常采用 Wyllie 时间平均公式估算地层声波孔隙度。

（魏周拓　陈雪莲）

【周波跳跃 cycle skipping】 进行声波测井时，当遇到声波幅度衰减严重的地层时，第二道首波幅度可能明显减小，致使第二道首波前沿不能触发，第二接收换能器的线路只能被续至波所触发（这是检测到的波至滞后了 1 个或几个周期），因而在声波时差曲线上出现"忽大忽小"的幅度急剧变化现象。声波测井仪器的两个接收换能器是被同一脉冲首波触发的，但在含气疏松地层或裂缝发育地层情况下，地层大量吸收声波能量，声波发生较大的衰减，这时声波信号往往只能触发路径较短的第一个接收换能器的线路。

（魏周拓　陈雪莲）

【长源距声波全波列测井 long spacing acoustic full waveform logging】 采用声波发射换能器和接收换能器源距较长的声系测量声波全波列的测井方法。又称声波全波列测井。长源距声波全波列测井的声系分别由两个间距为 2ft 的发射换能器（T_U 与 T_L）和接收换能器（R_U 与 R_L）组成（见图 1）。两者最近的源距为 8ft，它们分别构成一个源距为 8ft、两个源距为 10ft 和一个源距为 12ft 的三种源距的四个单发单收声系，测量记录 4 条声波到时曲线。

声波全波列测井声系的 8ft 最短源距（T_U 与 R_L 的间距），比声波速度测井的源距增加了近 1.5 倍，其能在时间轴上将速度最快的滑行纵波与速度较慢的滑行横波、伪瑞利波以及井筒内最慢的管波波导（又称斯通利波）在时间轴上区分开。声波全波列测井除了测量记录 4 条声波到时曲线外，还按 2ft 的深度间隔测

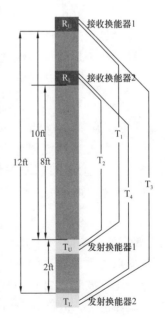

图 1　长源距声波全波列测井仪器示意图

量记录一条包括滑行纵波、滑行横波、伪瑞利波和管波的完整的波列。由此可计算出滑行纵波、滑行横波、管波的声波时差曲线，以及纵波速度与横波速度比值曲线。同时，声波全波列测井中各种波的幅度、频率及其变化都是可利用的信息。声波全波列测井使声波测井测量、记录的信息从滑行纵波首波，扩展到横波、伪瑞利波、管波（见图2）；可利用的信息则从纵波首波的到时扩展到各种波的首波和后续波的到时、幅度、频率等。声波全波列测井可用于估算地层孔隙度、地层压力、岩石弹性力学参数、识别气层等。

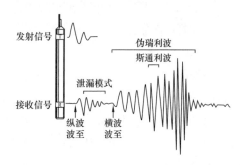

图2 声波脉冲从发射器T到达接收器R的全波列波形

（魏周拓 陈雪莲）

【滑行纵波 sliding compressional wave】 以地层的纵波速度沿井壁滑行的折射波。当位于井中的发射换能器激发的声波以第一临界角入射进入地层时，折射波在地层中以地层纵波速度沿井壁传播，此折射波称为滑行纵波，其有一部分能量会再返回井中，并以压缩波形式传播到接收器并被接收。

（魏周拓 陈雪莲）

【滑行横波 sliding shear wave】 以地层的横波速度沿井壁滑行的折射波。当位于井中的发射换能器激发的声波以第二临界角入射进入地层时，折射波（滑行横波）在地层中以地层横波速度沿井壁传播，其有一部分能量会再返回井中，并以压缩波形式传播到接收器并被接收。在慢速地层中，不能激发出滑行横波。

（魏周拓 陈雪莲）

【瑞利波 pseudo–Rayleigh wave】 在地震上，沿无限大介质自由表面传播的波。其质点运动的轨迹为椭圆形，短轴为传播方向，长轴垂直于传播方向。在测井上，这种波是在岩石与井内液体界面上产生，沿岩石表面传播，由于不同于自由表面情况，故称为*伪瑞利波*，是纵波和横波的合成，以横波为主要成分的波。伪瑞利波有多种模式，每一模式有它的频散曲线。每个模式都有其截止频率，在截止频率处，其相速度和群速度均等于地层的横波速度，其幅度为零。这说明伪瑞利波对横波首至波没有影响，只对其后续波有影响。随着频率增加，相速度单调下降到钻井液速度，而群速度曲线有一个极小值，其速度小于斯通利波的速度，而衰减曲线有一个极大值，二者频率相同。从几何声学上看，伪瑞利波是大于第二临界角的入射波形成的全反射波在井壁与外壳间多次作用的结果，是诱导波的一种，故其截止频率和频率成分与井筒与仪器半径之差及地层和井筒流体的性质有关，伪瑞利波沿井壁传播时，幅度不会衰减，但它离开井壁向地层传播时近似按指数衰减而向井内传播时，按振荡形式迅速衰减，在慢速地层中不能激发出伪瑞利波。

（魏周拓　陈雪莲）

【斯通利波 Stoneley wave】 沿井轴方向传播的流体纵波与井壁地层滑行的横波相互作用产生的在流体中传播的波。测井上的斯通利波是一种诱导波，相当于几何声学中的钻井液直达波，但它又不同于在自由流体中传播的直达波。其质点运动轨迹为椭圆形，长轴是井轴方向，短轴为垂直于井轴，其速度小于流体纵波速度。井中不存在通常的流体波，在井下的斯通利波不同于地震上的斯通利波，它的产生又与井筒有关，故为管波。有轻微频散，无截止频率，任何地层都可产生。

（魏周拓　陈雪莲）

【漏能纵波 leaky compressional wave】 大于第一临界角的入射波产生的反射纵波与井壁地层相互作用而产生的沿井壁传播的诱导波，具有频散特征，且沿井轴衰减。又称泄漏纵波。漏泄纵波的产生机理同伪瑞利波机理相似。质点运动轨迹为椭圆形，长轴为传播方向，可视为纵波与横波合成，并以纵波成分为主。

（魏周拓　陈雪莲）

【快速地层 fast formation】 地层横波速度大于井中流体声速的地层。又称硬地层。在快速地层单极子测井中，才有可能产生沿井壁传播的滑行横波。

（魏周拓　陈雪莲）

【慢速地层 slow formation】 地层横波速度小于井内流体声速的地层。又称软地层。在慢速地层单极子测井中，因无法满足临界折射横波条件，故不能产生沿井壁传播的滑行横波。

（魏周拓　陈雪莲）

【井眼补偿声速测井 borehole compensated acoustic logging】 井眼补偿声波测井仪两组发射—接收装置记录到的时间差求和再平均，对由于井壁直径变化或测井仪器倾斜造成的测量误差进行一定程度补偿的声波测井方法。井眼补偿声波

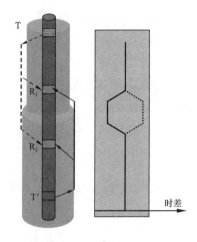

井眼补偿声速测井原理示意图

测井仪从单发双收换能器型改进成双发双收型，其中一组发射—接收装置 T'R₂R₁，相对于另外一组发射—接收装置 TR₁R₂ 来说方向相反，其原理如图所示。图中上半部分井径较小，下半部分井径较大，中部存在井径变化。双发双收型仪器中，第一组发射—接收装置 T'R₂R₁ 的声波发射探头 T' 位于接收探头 R₂ 和 R₁ 的下方，由于声波在井壁固体中的传播距离加长，两接收探头之间的到时差将小于统一井径时的到时差。而另一组发射接收装置 TR₁R₂ 的发射探头 T 位于接收探头 R₁ 和 R₂ 的上方，其记录到的两接收探头之间的到时差将大于统一井径时的时差，双发双收声系是井眼补偿声系的一种，除此之外，有单发双收声系加地面延迟电路、双发四收声系等。

（魏周拓　陈雪莲）

【**阵列声波测井 array sonic logging**】 具有多探头声系、测量多波列的声波测井方法。又称数字阵列声波测井。

阵列声波测井仪是由长源距声波全波列测井仪改进而来的。它具有相距 0.61m 的两个声波发射换能器，八个线阵排列的声波接收探头，其间距为 0.15m。发射换能器与接收探头的源距最短为 2.44m，最长为 4.12m，还具有源距为 0.92m 和 1.53m 的声波速度测井声系。阵列声波测井仪的声系可视为由线阵声系和双发双收声系组合而成（见图）。

阵列声波测井是 20 世纪 90 年代出现的，它实现了声波信号数控采集、数字传输和记录。

线阵接收声系的间距减小到 0.15m，对地层有最高的纵向分辨率。在两个发射换能器轮流工作一次时，线阵声系接收探头接收到 16（2×8）个波列，每个波列在测量时间上比长源距声波全波列测井的测量时间增加了一倍以上，达 4000ms 以上，这使测量记录的波列更加完整，能采集到速度慢、在时间上到达最晚的管波，为应用管波信息估算储层渗透率提供了依据。

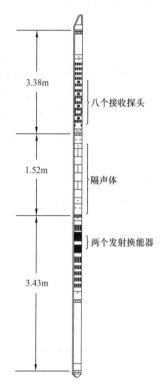

阵列声波测井仪结构示意图

　　阵列声波测井的资料可以用于识别岩性、估算储层孔隙度和岩石的弹性力学参数；根据测量的全波列可以识别某些特殊的界面，例如井壁附近的地层垂直裂缝或高角度裂缝等。在套管井中，采用普通短源距声系进行声波幅度测井，以评价套管外的水泥胶结质量。

📖 推荐书目

　　唐晓明，郑传汉.定量测井声学［M］.赵晓敏，泽.北京：石油工业出版社，2004.

（楚泽涵）

【共接收器组合 common receiver gather 】 阵列声波测井某一接收器上的声波数据按一系列测井深度组合而成的阵列数据（见图）。某一测井深度上多个源距的接收器阵列声波数据组合而成的阵列数据称为*共源组合*。

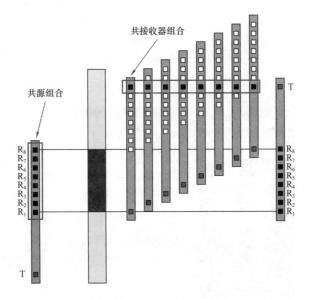

阵列声波的共接收器组合及共源组合

（魏周拓　陈雪莲）

【慢度—时间相干法 slowness–time coherence 】 使用二维网格（一维为时间，另一维为慢度）搜索法，找出阵列波形的相关函数极值处波的到时及慢度的方法。简称 *STC 相干法*。波形相干是对于某一时间窗 T_w 内的波形数据而言。

　　当某个窗口的时间和步长移动角正好对应于某种波（如纵波、横波和斯通利波）的首波到时和慢度时，如果在这个窗口内的波形是相同的或者是最为相似的，则会具有最大的相关系数，这时计算的慢度就是这种波的传播慢度，可以计算出纵波、横波和斯通利波慢度（见图）。

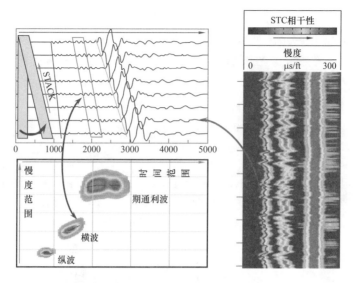

慢度—时间相干法处理流程图

（魏周拓　陈雪莲）

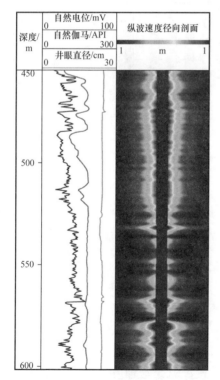

纵波速度径向剖面成果图

【纵波速度径向剖面 compressional wave radial profile】 通过对比接收器阵列探测的来自远近单极子发射器的纵波时差的不同，利用声波走时反演得到近井纵波速度变化剖面，揭示纵波时差的径向变化，了解井壁地层特性变化的原因，做出如何利用或减轻这种情况的决策。阵列声波测井仪激发的声波波速在径向增加的地层中传播，地层速度的变化使得不同接收器接收声波的径向穿透时间有所不同，波的走时即含有地层变化的信息（见图）。

（魏周拓　陈雪莲）

【单极反射纵波成像测井 monopole compressional wave reflection imaging logging】 利用井中单极子声源向井外辐射的纵波，并接收从井外声阻抗界面反射回来的波，利用反射纵波对地层声阻抗界面进行偏移成像的测井方法（见图）。传统的单极反射纵波成像测井方法存在声源频率高探测不够深、声源对称无方位识别能力、反射纵波受多种模式干扰提取困难等技术瓶颈。

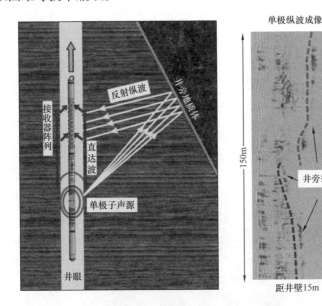

单极反射纵波成像测井示意图和成像图

（魏周拓　陈雪莲）

【**正交偶极横波测井 cross–dipole shear wave logging**】使用两对成正交排列的偶极子声源，测量、记录地层的横波信息，依此来评价和估算地层各向异性的测井方法。正交偶极横波测井是 20 世纪 90 年代后期国外测井公司继偶极子横波测井后提出的测井方法，其切入点是解决井壁地层的各向异性问题。正交偶极横波测井的测量频率为 1～3kHz，随着井壁岩石的横波速度升高，弯曲波的频率略有增加。弯曲波并不是纯横波，其速度是随频率增加而变化的，是一种频散波，在其截止频率时，弯曲波的相速度等于地层的横波速度。实际测量弯曲波的速度与横波速度相差约 10%，可根据频率进行频散校正。

　　正交偶极横波测井能提供更准确的横波信息，尤其是在慢速地层中，如疏松砂岩、裂缝发育的泥岩储层中可直接测量横波信息，而单极子声源的长源距声波全波列测井或阵列声波测井是测量不到横波信息的。其最重要的一个应用是裸眼井及套管井中裂隙探测。套管井中的这一应用尤其重要，它为评价水压致裂效果、研究所产生的裂隙的方位及沿井轴的生长及致裂程度提供了一种有效的方法；另外一个重要的应用是地应力场的分析，正交偶极横波测井已被用于研究地应力产生的各向异性以及估计地应力场的方位及大小。

📖 推荐书目

《测井学》编写组.测井学［M］.北京：石油工业出版社，1998.

唐晓明，郑传汉.定量测井声学［M］.赵晓敏，译.北京：石油工业出版社，2004.

（魏周拓　陈雪莲）

【偶极子声源 dipole source】 产生不对称声场的声源（一种振动片）。在激发电压作用下向左右两侧振动，相当于一个活塞在井内流体中运动，使井内流体的一侧增压，另外一侧减压，对称的井内流体体积变化对井壁形成冲击，使井壁上发生弯曲振动，在这样的过程中，井内流体的体积变化的总量仍然保持为零（见图）。理想的偶极子声源是由两个振幅相等、相位相反、无限接近的单极子声源组合而成的。

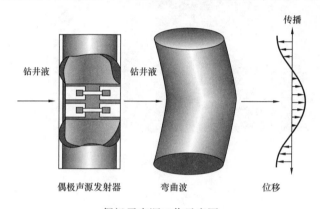

偶极子声源工作示意图

（魏周拓　陈雪莲）

【弯曲波 flexural wave】 由偶极子声源在充液井孔中产生的在流体中传播的波。其特征与伪瑞利波类似，特别是在快速地层中。弯曲波像伪瑞利波一样，沿频率轴有无数个挠曲振型。对快速地层和慢速地层，弯曲波的波速在截止频率处与地层的横波速度一致。随频率下降，弯曲波的相速度趋于 Stoneley 波的高频极限，即 Scholte 波速。弯曲波的群速度曲线在艾里相附近有一个明显的极小值，说明该波在艾里相的频率范围内有很强的频散效应。最低阶挠曲波的截止频率在声波测井的低频范围内。低频时，弯曲波的相速度非常接近于地层的横波速度，频散效应很小。

相速度和群速度随着频率的变化而改变的性质称为频散，见图。

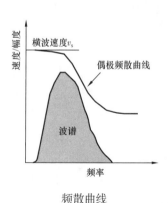

频散曲线

（魏周拓　陈雪莲）

【正交偶极各向异性 cross–dipole shear anisotropy】质点平行于裂缝走向振动、方向沿井轴向上传播的横波速度低于质点垂直于裂缝走向振动、方向沿井轴向上传播的特性。又称地层横波速度各向异性。在构造应力不均衡或裂缝性地层中，当一个横波入射到这种各向异性介质中时，横波在传播过程中分离成快横波和慢横波，这种现象称为横波分裂（见图），且快、慢横波速度通常显示出方位各向异性。测井中定义地层横波各向异性为快横波时差、慢横波时差之差与快横波时差、慢横波时差之和的比值。

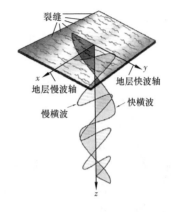

各向异性地层中的横波分裂现象

（魏周拓　陈雪莲）

【偶极反射横波成像测井 dipole shear wave reflection imaging logging】 利用正交偶极横波测井发射和接收地层深部的反射横波信号，通过偏移成像获知井旁地质构造的横向延伸范围和发育情况的测井方法。偶极反射横波成像测井继承了常规声波测井技术较高的纵向分辨率优势，同时将其横向探测深度提升至数米范围，将"一孔近见"扩展到"一孔远见"（见图）。相比单极反射纵波成像测井而言，偶极声源工作频率低探测深度更远，其指向性可用于确定反射体倾向，且偶极声源模式单一对反射横波干扰少有利于反射横波提取。

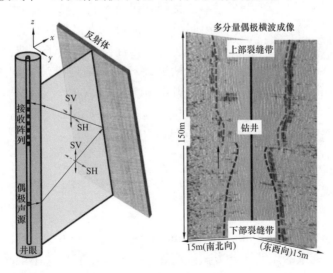

偶极反射横波成像测井示意图和成像图

（魏周拓　陈雪莲）

【**随钻声波测井 acoustic logging while drilling**】 钻井时实时确定地层的纵、横波速度的声波测井方法，用于地层压力预/监测、井壁稳定性评估、岩石脆裂性评价等。随钻声波测井仪是在20世纪90年代中期问世的，作为随钻测井系列中的关键技术，可在钻井工程应用方面发挥独特作用，尤其是在深水钻探中的随钻岩石力学预/监测方面具有重要的意义。随钻声波测井技术与电缆声波和其他随钻测井技术相比，随钻声波测井是一门研发难度大且造价昂贵的技术，主要原因在于：（1）钻头破岩、钻井液循环和钻柱振动等产生的强钻井噪声对声波测量的影响；（2）沿着钻铤传播的仪器直达波对地层波的干扰。为此，采用了在声源和接收器之间的钻铤上进行大量的周期性刻槽，用来阻隔沿钻铤传播的直达波的解决办法。

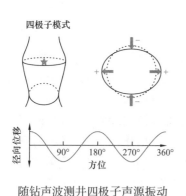

四极子模式

径向位移

90° 180° 270° 360°
方位

随钻声波测井四极子声源振动
模式示意图
注：图中的星号代表横剖面上表示
的波沿井筒传播的近似位置

当随钻声源以单极子模式工作，可实现快速地层、慢速地层中的纵波时差测量。当随钻声源以四极子模式（见图）工作，可实现快速地层、慢速地层中的横波时差测量。其中四极子波，也称螺旋波。和偶极子声源一样，四极子波在低频率时，逐渐收敛至横波速度，可实现随钻横波时差测量，但四极子波的传播方式不同，四极子波比较分散，其波速取决于频率。四极子波有两个重要特性：一是四极子波不会受到钻铤波干扰；二是在低频情况下，利用四极子波形可以直接得到真实的地层横波速度。这两个特性使得四极子声波仪器非常适合于随钻测井环境下地层横波速度测量。然而，将电缆测井中使用的偶极子用于随钻测井环境下，其包含了钻铤弯曲波的干扰，并且在低频范围内，偶极子频散曲线也不能逼近真实的地层横波速度。这些特性使得四极子比偶极子在随钻测井中更具有优势。

📝 推荐书目

唐晓明，郑传汉.定量测井声学［M］.赵晓敏，译.北京：石油工业出版社，2004.

（魏周拓　陈雪莲）

【**声波幅度测井 acoustic amplitude logging**】 测量声波在井筒和地层介质中传播时能量或幅度衰减的声波测井方法。简称声幅测井。它主要用于固井质量检查测井、出砂和防砂效果检查测井。声幅测井使用单发单收声系（见图）。声系由声波发射换能器、隔声体和声波接收换能器构成，换能器由磁致伸缩或压电陶瓷构成。声系工作频率为 20kHz，每秒 20 次间歇式地发射和接收声波脉冲信号。测井时发出的声波脉冲经井内钻井液传向套管、水泥环、地层，再折射到达接收换能器。在这个传播路径内，如果固井质量好，套管与地层之间的环形空间充满胶结良好的水泥，两者的声波阻抗就比较小，声波耦合也比较好，声波能量也容易通过水泥环透射到地层而损失，接收到的折射波幅度就小；如果固井质量不好，套管与井壁之间环形空间未充满胶结好的水泥，或者管外只有钻井液，它们与套管的声波阻抗差别很大，声波耦合极差，声波能量不容易透射到地层中去，接收到的折射波幅度就大。依据接收到的声波幅度大小就能解释固井质量的优劣（见固井质量检查测井解释）。

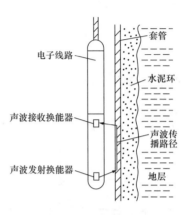

声幅测井原理图

声幅测井通常与声波变密度测井组合在一起同时进行测井。

📝 推荐书目

《油气田开发测井技术与应用》编写组.油气田开发测井技术与应用［M］.北京：石油工业出版社，1995.

郭海敏.生产测井导论［M］.北京：石油工业出版社，2003.

（姜文达）

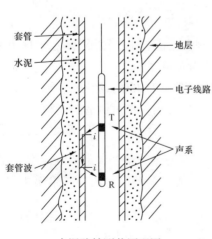

水泥胶结测井原理图

【水泥胶结测井 cement bond logging】

通过井下仪器测量记录套管波的第一负峰幅度值（单位为 mV），即水泥胶结测井曲线，以确定套管与水泥胶结程度的测井方法。水泥胶结测井曲线还受套管尺寸、水泥环强度和厚度以及仪器居中情况等的影响。水泥胶结测井下井仪器由声系和电子线路组成（见图），源距为 3ft。发射换能器发出的声波主频为 20kHz，其波长远大于套管厚度，在套管中激发出多阶纵向模态的导波，统称套管波。

若套管与水泥胶结良好，这时套管

与水泥环的声阻抗差较小，声耦合较好，套管波的能量容易通过水泥环向外传播，套管波能量有较大的衰减，测量记录到的水泥胶结测井值就很小。若套管与水泥胶结不好，套管外有流体存在，套管与管外流体的声阻抗差很大，声耦合较差，套管波能量衰减较小，所以水泥胶结测井值很大，从而利用水泥胶结测井曲线值可以判断固井质量。

（魏周拓　陈雪莲）

【套管波 casing wave】 在套管有限厚度介质中传播的声波导。其振动模式是与传播方向（套管轴线方向）一致的纵振动及沿套管半径方向横振动合成的复合振动，套管中质点运动的轨迹是椭圆，其长轴方向与套管轴线方向一致，即纵振动是其主要振动，套管波的速度略低于纵波速度，有多个振动模式，即在套管壁上有多个频率为其基准频率整数倍的高频振动，但为了评价固井水泥胶结质量所测量记录的则仅是以基准频率振动的套管波。

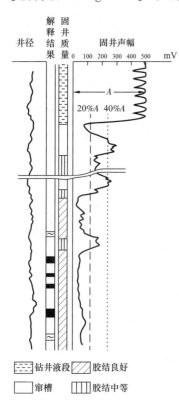

水泥胶结测井处理实例

（魏周拓　陈雪莲）

【相对幅度 relative amplitude】 目的井段套管波幅度与自由套管段曲线幅度之比。可用于检查固井质量。

$$相对幅度 = \frac{目的井段曲线幅度}{自由套管段曲线幅度} \times 100\%$$

一般在常规水泥胶结时，当相对幅度小于20%，胶结良好；当相对幅度在20%～40%之间时胶结中等；当相对幅度大于40%，胶结较差（见图）。不同的水泥强度，评价标准可做适当调整。

（魏周拓　陈雪莲）

【胶结指数 bond index】 目的井段声幅衰减率与完全胶结井段声幅衰减率之比。水泥胶结测井不仅可以给出以电位差大小表示的声幅曲线，还可以给出水泥胶结指数曲线，用来指示水泥固井质量。

$$BI(胶结指数) = \frac{目的井段声幅衰减率 \alpha_1 (dB/ft)}{完全胶结井段声幅衰减率 \alpha_2 (dB/ft)}$$

其中，声幅衰减率是套管波在套管中传播 1ft 或 1m 衰减的分贝数。声幅衰减率和水泥胶结情况有关，完全胶结时的声幅衰减率最大。胶结指数为 1，表示水泥完全胶结；胶结指数小于 1，水泥未完全胶结，数值越小表示胶结越差。

（陈雪莲　魏周拓）

【**声波变密度测井 variable density logging**】 将经过套管、水泥环和地层介质的声波前 12～14 个波列波形或幅度，用辉度或宽度图显示并记录的声波测井方法（见图 1）。又称*变密度测井*，简称 *VDL*。主要用于固井质量检查测井。

声波变密度测井仪使用单发双收声系（见图 2），声系由一个声波发射换能器、隔声体和两个不同源距声波接收换能器组成。发射换能器与短源距（如3ft）的接收换能器构成水泥胶结测井仪，与长源距（如 5ft）的接收换能器构成声波变密度测井仪。声波变密度测井时，接收到的声波波列中有穿过套管、水泥环和地层的各种波。若固井时套管外第一胶结面（套管与水泥界面）胶结良好，套管外第二胶结面（水泥与地层界面）胶结也良好，声能就可以很好地穿过套管、水泥环进入地层，在地层声波衰减较小的条件下，接收到的地层波幅度较强，记录的变密度测井图中地层波就明显。若固井时第一胶结面胶结不好，第二胶结面胶结也不好，或在地层的声波衰减较大的条件下，接收到的地层波较弱，甚至接收不到地层波，记录的变密度测井图中地层波就不明显，甚至没有。这样可对套管外第一、第二胶结面作定性解释。20 世纪 70 年代产生了声波变密度测井，该测井方法还与自然伽马测井、接箍定位器组合构成组合测井，应用于固井质量检查测井中。

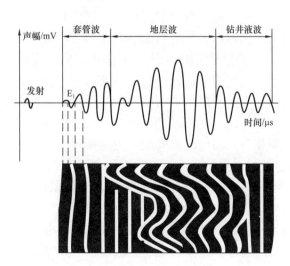

图 1　声波变密度测井图

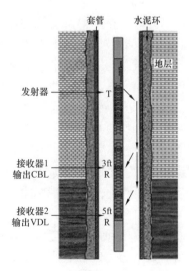

图 2　声波变密度测井原理图

📖 推荐书目

《油气田开测井技术与应用》编写组．油气田开发测井技术与应用［M］．北京：石油工业出版社，1995.

（姜文达）

【扇区声波水泥胶结测井 segmented bond logging 】 利用分区扇形水泥胶结评价测量仪在井的圆周方向上识别水泥环与套管的胶结状况的测井方法。仪器将多个声波换能器按等角度的间距排列在 360° 的一周，并将 360° 分割成等角度的扇区，分别测量每个扇区的水泥胶结质量。分区扇形水泥胶结评价测量仪的声系有 6 个极板，每个极板上装有一对工作频率为 100kHz 的声学探头，即共有六个发射探头和六个接收探头。在井下进行测量记录时，机械推靠器将极板和声学探头推到套管壁上，使相邻的四个极板组合成六个双发双收的对称补偿声系，声系的轴线是沿套管内壁按螺旋线延伸。这样排列的声系可以保证在井周 360° 空间中，每 60° 有一次沿井周方向的套管波首波测量；另外，两个接收探头的间距较小，纵向分辨率也有所提高。分区扇形水泥胶结评价测量仪能够识别出水泥环周向的局部缺失、微间隙等固井质量问题，还能判别套管周围全方位的水泥胶结状况，可以更好地满足固井质量评价需要。

（魏周拓　陈雪莲）

【超声反射成像测井 ultrasonic borehole imaging 】 一种直接观察井下套管和地层情况的声波测井方法。它利用反射波的能量与反射界面的声阻差异有关的原理，通过测量超声波在井壁处的反射波强度来了解套管腐蚀、地层岩性及裂缝发育的状况。

测井时，在井中发射换能器垂直向井壁或套管发射超声波，遇到井壁或套管后产生反射波，在两次发射超声波间隙时间，发射换能器又作为接收换能器接收反射波信号，在接收换能器内产生的电信号的强弱与反射波幅度成正比。然后把电信号送入电子线路进入阴极射线示波管，把电信号转变成荧光屏上亮点，其辉度大小和电信号强弱成正比。换能器以恒定的转速在井中绕仪器轴旋转并发射和接收超声波。换能器每旋转一周，在荧光屏上就产生一扫描线，仪器同时又以较低的速度提升，并让照相胶片与电缆提升成一定比例移动，于是胶片上留下了井眼的连续图像即超声波电视测井记录。

在裸眼井中，井壁平滑时，反射波能量取决于钻井液与地层的声阻抗比值。由于同一口井内钻井液的密度和声波速度是不变的，所以反射波能量主要取决于地层的密度和声波速度值。高速致密的地层反射波能量大，在超声波电视测井图上显示为亮区；低速疏松地层的反射波能量小，显示为灰暗区。在井壁凹凸不平时，发射的超声波不能垂直入射到井壁上而是以一定的角度入射，反射波能量与入射角的大小有很大关系，入射角越大，接收到的反射波能量越小。所以井壁不平、有裂缝和洞穴时，反射波能量很小，甚至接收不到反射波信号。在超声波电视测井图上显示为灰暗色至黑色的图像。

根据超声波电视测井图像可以区分高速地层和低速地层，识别碳酸盐岩地层的裂缝带或洞穴，并可确定裂缝面或层理面的倾角（见图 1）。

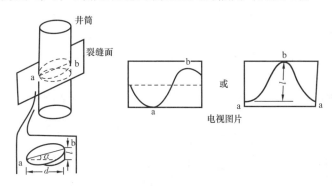

图 1　与井眼斜交的裂缝面的立体图及其超声波电视测井成像示意图

在套管井中发射换能器发射具有一定能量的超声脉冲，穿过井眼流体撞击到套管内壁上（见图 2）。在套管内壁，大部分能量被返回到换能器，其余能量穿过套管传播到套管外壁。对于套管内的每一次反射，一部分能量直接返回到接收器，一些能量进入套管，在套管内外壁间来回反射，一部分能量会再透过套管内壁回到接收器。接收换能器最初接收到来自套管内壁的反射信号及随后到达的随指数衰减的信号，分别指示了套管内壁的腐蚀程度、套管壁厚及套后胶结介质的声阻抗。

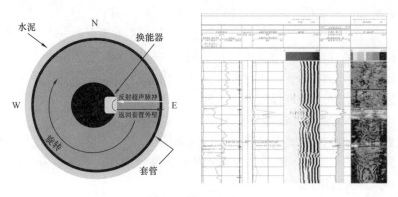

图 2　套管井成像模式

（魏周拓　陈雪莲）

【核测井 nuclear logging】 以核物理学、核电子学和核地质学为基础的一系列测井方法的总称。它能划分地层，核对深度，提供与岩性、孔隙度、渗透率、流体类型、流体饱和度及井的技术状况有关的近50种参数。核测井应用于油田勘探、开发的全过程。

分类 核测井分为伽马测井、中子测井和核磁共振测井三大类。（1）伽马测井包括：测量地层自然伽马射线的自然伽马测井、自然伽马能谱测井；测量地层或井筒物质散射伽马射线的补偿密度测井、岩性密度测井、伽马密度套管壁厚测井；测量井筒流体对伽马射线的散射和吸收性质的伽马流体密度测井、低能伽马源持水率—密度测井；测量示踪伽马射线的放射性同位素示踪测井、放射性同位素能谱测井、井下示踪流量测井等。（2）中子测井包括：使用同位素中子源的中子伽马测井、补偿中子测井、综合岩性孔隙度测井、元素俘获谱测井和氯能谱测井；使用脉冲中子源的碳氧比能谱测井、中子寿命测井、脉冲中子氧活化测井、储层饱和度测井和阵列中子测井等。（3）核磁共振测井包括地磁场核磁共振测井和人工磁场核磁共振测井。

起源与发展 1896年，A. H. 贝可勒尔（A. H. Ecquerel）发现了天然矿物的自然放射性。在研究了地层的自然伽马放射性的基础上，创建了自然伽马测井，用于划分储层，成为当时唯一的核测井方法。1932年，J. 恰德维克（J. Chadwick）发现了中子，并逐步形成以中子与物质相互作用为基础的核分析方法。同类技术用于井中就产生了一系列中子测井方法，并逐渐用于探测地层岩性、孔隙度和套管井产层剩余油饱和度。伽马测井和中子测井组合，形成井筒元素核分析技术，即元素测井。1945年发现核磁共振现象，1949年出现了第一个核磁共振测井专利。1990—1995年，核磁共振测井得到迅速发展，用于区分储层中束缚和可动流体（油、气、水）、求解渗透率和研究孔隙分布等。20世纪90年代，形成了自然伽马能谱测井、散射伽马能谱测井、中子伽马能谱测井和核磁共振成像测井等数字信息核测井系列，它们的优点是：基于岩石的核物理性质，反映了岩石的本质；能在含有各种井内流体的裸眼井、套管井中对各种不同类型的储层或产层进行测井。核测井中核防护与安全是关键，它随着核防护技术与材料的发展而不断地发展。

展望 核测井的发展主要取决于射线源或信号源和探测器的发展。应加强研究核测井仪的三维空间响应；提高测量值的准确度和减少测量值的不确定度；发展核测井数值模拟技术。

📖 推荐书目

黄隆基.核测井原理［M］.东营：石油大学出版社，2000.

徐四大. 核物理学［M］. 北京：清华大学出版社，1992.

（黄隆基）

【伽马源 gamma source】 由浓缩的放射性核素组成且能够发射伽马光子的装置。核测井中常用的伽马源主要有 ^{137}Cs 源和 ^{60}Co 源等。

^{137}Cs 的半衰期 $T_{1/2}$=30.17a，具有 β 放射性，发生 β 衰变放出伽马射线，伽马射线分支比大（85.1%），且伽马射线能量为 0.662MeV，是理想的中能 γ 射线源。岩性密度测井采用的 ^{137}Cs 源强度为 2 居里。

（张 锋 黄隆基）

【伽马探测器 gamma detectors】 核测井中用于测量伽马光子的仪器。衡量探测器性能的主要参数有探测效率和能量分辨率。探测效率指一个光子进入闪烁体而引起闪光的概率。当光子能量一定时，它和闪烁体的几何形状、大小、组成物质的密度及平均原子序数有关。例如：NaI 晶体的密度较大（3.67g/cm^3），碘的原子序数（Z=53）高且占重量的 85%，其对 γ 光子的探测效率高。伽马能量分辨率通常用 ^{137}Cs 的 0.662MeV 全能峰的分辨率 η 来表征，即

$$\eta = \frac{\Delta E}{E} \times 100\%$$

式中：E 为峰位对应的能量；ΔE 为全能峰半高宽。

闪烁探测器由闪烁体、光电倍增管和电子仪器三部分组成（见图 1）。伽马射线进入晶体，通过光电效应、康普顿效应和电子对效应产生次级电子；次级电子使闪烁体激发，退激时产生荧光；将荧光光子收集到光电倍增管的光阴极上，产生光电子；光电子在光电倍增管中倍增，电子数量增加几个数量级，并收集到阳极上，经过倍增的电子流在阳极负载上产生电信号；最后电信号经电子仪器处理、记录。

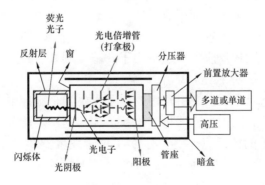

图 1 闪烁探测器组成示意图

光电倍增管把光脉冲转变为电脉冲且进行信号放大的部件（见图2）。从闪烁体出来的荧光光子通过光导射向光电倍增管的光阴极，由于光电效应，在光阴极上打出光电子；光电子经电场系统加速、聚焦后射向第一打拿极，每个光电子在打拿极上击出几个电子，这些电子再射向第二个打拿极倍增，直到最后一个打拿极，经过一连串的二次发射极使得电子倍增，最后到达阳极所有的电子收集起来变成电信号输出。

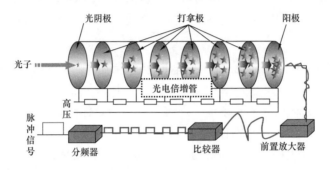

图 2　光电倍增管工作原理图

核测井中常用碘化钠（NaI）探测器、BGO 探测器和溴化镧（LaBr$_3$）晶体探测器。NaI 伽马探测器晶体密度为 $3.67g/cm^3$，最佳能量分辨率可达 6.5%，发光衰减时间为 230ns，光产额为 43ph/keV；BGO 探测器晶体密度为 $7.13g/cm^3$，最佳能量分辨率可达 9.3%，发光衰减时间为 300ns，光产额为 38ph/keV；LaBr$_3$ 探测器晶体密度为 $5.3g/cm^3$，最佳能量分辨率可达 3.5%，发光衰减时间为 28ns，光产额为 61ph/keV。

（张　锋　黄隆基）

【中子源 neutron source】 能够产生中子的装置。根据产生中子的方法中子源可分为放射性同位素中子源、加速器中子源和反应堆中子源。

放射性同位素中子源　利用放射性核素衰变时放出一定能量的射线，去轰击某些靶物质，产生核反应而放出中子的装置，主要基于（α，n）反应、（γ，n）反应和自发裂变三种核反应。在超热中子孔隙度测井、补偿中子孔隙度测井和元素俘获能谱测井中常用 Am–Be 中子源。

加速器中子源　在核测井中常用的中子发生器是脉冲中子发生器，常称为井下中子发生器，是利用加速器将带电粒子加速到一定能量，然后轰击某些靶材料引起发射中子的核反应，主要有 D–T 中子发生器和 D–D 中子发生器。如 D–T 加速器中子源产生能量为 14MeV 的中子，其核反应为：

$$d + {}_1^3H \longrightarrow {}_2^4He + n$$

反应堆中子源　利用原子核裂变反应堆产生大量中子。反应堆是最强的热中子源，在反应堆的壁上开孔，即可把中子引出，所得的中子能量接近麦克斯韦分布。

（张　锋　黄隆基）

【中子探测器 neutron detector】　在核测井中用于探测热中子和超热中子的装置。主要包括 He–3 正比计数管和闪烁探测器。

He–3 正比计数管　通过 ^3He 气体与热中子相互作用产生的次级带电粒子来间接实现对中子的测量，其核反应为：

$$_2^3He+n\longrightarrow _1^3H+p+0.764MeV$$

$_2^3He$ 的热中子俘获截面大，为 $5400\times10^{-24}cm^2$，在 $0.1\sim1MeV$ 区域热中子俘获截面变化平缓。

闪烁探测器　如碘化锂闪烁晶体和锂玻璃（含锂闪烁玻璃）等，计数时核反应为：

$$_3^6Li+n\longrightarrow _1^3H+\alpha +4.78MeV$$

$_3^6Li$ 的热中子俘获截面可达 $945\times10^{-24}cm^2$，含锂探测器探测效率很高。在测井过程由于中子和地层元素原子核作用会产生相应伽马射线，会影响中子计数率，故核测井仪器中很少用锂玻璃闪烁体探测器。

（张　锋　黄隆基）

【伽马射线吸收 gamma–ray absorption】　由于发生光电效应、康普顿效应和电子对效应，射线逐渐被物质吸收的现象。伽马射线强度随所穿物质的厚度增加而减弱，满足指数衰减规律。若穿过厚度为 x 的介质，其强度 I 为：

$$I=I_0e^{-\mu x}$$

式中：I_0 为入射伽马射线的强度；μ 为线性衰减系数，也称线性吸收系数，cm^{-1}。

（1）光电效应。γ 光子与靶物质原子发生电磁相互作用，吸收一个 γ 光子并将其能量全部转移给原子核内层的某个束缚电子，束缚电子摆脱原子对它的束缚之后发射出去，这个过程称为光电效应。

（2）康普顿效应。γ 光子与物质原子的核外电子发生非弹性碰撞，将一部分能量传给核外层电子，使它脱离原子成为反冲电子，同时光子发生散射，且散射光子的能量和运动方向发生变化，这个过程称为康普顿效应。

（3）电子对效应。当伽马光子的能量大于两个电子的静止质量能时，它在物质的原子核附近与核的库仑场相互作用，转化为一个负电子和一个正电子，而光子本身被全部吸收。这种效应称为电子对效应。

（张 锋 黄隆基）

【天然伽马辐射测井 natural gamma ray radiation logging】 沿井深测量岩石中天然放射性核素所放出的伽马射线强度和能谱，通过总计数和铀钍钾含量来进行地层参数评价的一种测井技术。分为自然伽马测井和自然伽马能谱测井，主要用于划分储层、识别黏土矿物、地层对比、确定泥质含量度及评价沉积环境等。

📝 推荐书目

黄隆基.核测井原理［M］.东营：中国石油大学出版社，2008.

高杰，张锋，车小花，等.地球物理测井方法与原理［M］.北京：石油工业出版社，2022.

（张 锋 黄隆基）

【岩石自然放射性 rock naturally radioactive】 岩石中放射性核素发生连续衰变直至变成稳定核素的性质。这些放射性核素构成放射系，天然放射系主要有钍系、铀系和锕系。

钍系：钍系是从 $^{232}_{90}$Th（钍 –232）开始衰变，到 $^{208}_{82}$Pb 结束，它的半衰期是 1.41×10^{10}a，大约是地球年龄的 6 倍，一系列核素质量数 A 都是 4 的整数倍，即 $A=4n$，^{232}Th 半衰期长使其和衰变产物存在于地壳中。

铀系：铀系从 $^{238}_{92}$U（铀 –238）开始衰变，到 $^{206}_{82}$Pb 结束，$^{238}_{92}$U 的半衰期是 4.47×10^{9}a，这一系列核素的质量数是 4n+2。

锕系：锕系从 $^{235}_{92}$U（铀 –238）开始衰变，到 $^{207}_{82}$Pb 结束，$^{235}_{92}$U 的半衰期是 7.038×10^{8}a，这一系列核素的质量数是 4n+3。由于 $^{235}_{92}$U 含量低，其放射系对岩石的天然放射性贡献很小。

人工放射系：镎系，即为 4n+1 系，从 $^{241}_{94}$Pu（钚 –241）开始衰变，经过 13 次连续衰变，最后到稳定核素 $^{207}_{82}$Pb 结束，$^{235}_{92}$U 的半衰期是 7.038×10^{8}a。

岩石伽马射线：地层岩石自然伽马射线主要是由 ^{238}U 系和 ^{232}Th 系中的放射性核素和 ^{40}K 衰变产生的，在不同的岩石中放射性核素分布不同。在自然伽马能谱测井中常用铀系 ^{214}Bi 发射的 1.76MeV 的伽马射线来识别铀，用钍系的 ^{208}Tl 发射的 2.625MeV 的伽马射线来识别钍，用 1.46MeV 的钾的伽马射线来识别钾。在核测井中，铀和钍的含量通常采用 μg/g 为单位；而钾含量用 0.01g/g 为单位。

（张 锋 黄隆基）

【伽马测井 gamma–ray log】 以岩石中自然伽马放射性和伽马射线与岩石相互作

用为基础的核测井方法，包括自然伽马测井、散射伽马测井和示踪伽马测井。它们用于划分储层和岩性，进行地层对比，确定孔隙度，检查套管质量及其流体性质。

自然界能发射伽马射线（光子）的元素主要是铀（U）、钍（Th）和钾（K），含有这些元素的地层具有天然伽马放射性，能放射出伽马射线，它能穿透几十厘米的地层、水泥环、套管和下井仪器的外壳。伽马射线在裸眼井和套管井中都能探测到，是自然伽马测井的测量对象。

人造的能发射伽马射线的装置称为伽马源，如 ^{60}Co（钴-60）和 ^{137}Cs（铯-137）都是常用的伽马源。放射源的强弱是用活度（原子核每秒钟发生衰变的平均次数）表示的，单位是居里（Ci）或贝可（Bq）（1Ci=3.7×10^{10}Bq），不同的核素组成的活度相同的源，在单位时间内发射的伽马光子数通常并不相等。测井用伽马源的活度在几十微居里到2Ci。在伽马测井仪器中源与探测器的间距称为源距。测井时用伽马源在井筒中发射伽马光子，伽马光子经过井筒流体和地层的散射、吸收后到达探测器被接收测量，这是散射伽马测井。这一类的测井方法包括：在裸眼井中应用的补偿密度测井、岩性密度测井和套管井中应用的伽马流体密度计、低能伽马源持水率—密度计和伽马密度套管壁厚测井仪等。

放射性同位素产生和示踪监测技术出现后，放射性同位素示踪测井随之产生，它在注水剖面测井和工程测井中占有重要地位。

测量伽马射线强度的仪器初期使用盖革计数管，它是测量单位时间内伽马光子数（脉冲）——计数率；现在主要使用闪烁探测器，它由闪烁体（如碘化钠晶体）、光电倍增管和相应的电子线路构成（见图），能同时测量光子强度（计数率）与能量，能绘制出两者的关系曲线——能谱。能谱探测技术的出现，促使自然伽马能谱测井、碳氧比能谱测井和多示踪剂放射性同位素能谱测井等的产生和发展。

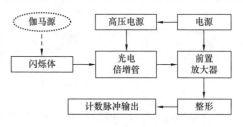

闪烁探测器的构成和工作流程示意图

在伽马测井的发展中，下列因素起着推动作用：伽马源的研究、选择；探测器灵敏元件的改进和选择；伽马光子与地层相互作用的深入研究；伽马能谱的数据采集、处理和解析；伽马测井的应用研究。其中各类新型伽马能谱测井仪器的研制是关键。

📖 推荐书目

黄隆基.放射性测井原理［M］.北京：石油工业出版社，1985.

庞巨丰，迟云鹏，等.现代核测井技术与仪器［M］.北京：石油工业出版社，1998.

（黄隆基）

【**自然伽马测井** natural gamma ray logging 】 利用伽马探测器组成的井下仪器，探测来自于地层中铀、钍和钾等元素产生的伽马射线，通过一定电子线路转换为地层的自然伽马强度（常用 API 表示），进而进行地层评价的测井方法。利用井下自然伽马测井仪沿井身自下而上移动测量，连续记录出井剖面上岩层的自然伽马强度即为自然伽马测井曲线。

自然伽马测井仪器由井下仪器和地面系统组成（见图 1）。井下仪器由伽马射线探测器（闪烁晶体和光电倍增管组成）、脉冲幅度鉴别器、分频器、整形器及电缆驱动器等电路组成。

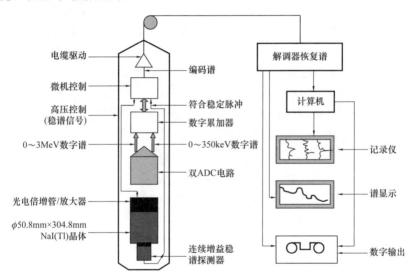

图 1 自然伽马测井仪组成图

自然伽马测井曲线以 API 为单位，是美国石油学会（American Petroleum Institute）制定自然伽马测井的标准计量单位。在美国休斯顿大学建造自然伽马刻度井，井中有三组直径为 1.219m、高为 2.438m 的带井眼碳酸盐岩圆柱体刻度模块，中间高放射层含有 12μg/g 铀、24μg/g 钍和 4% 钾，上下为不含放射性物质的低放射层，将自然伽马仪器在井眼中测到高放射性和低放射性模块的伽马计数率差规定为 200API。

利用自然伽马测井曲线（GR）可以进行划分岩性和地层对比，地层中泥质含量不同，GR 读数不同（见图 2）。在砂泥岩剖面中砂岩显示最低值，黏土（泥岩和页岩）最高值，粉砂岩泥质砂岩介于中间，随泥质含量增加曲线幅度变大；

在碳酸盐岩剖面中泥岩、页岩的 GR 幅度最高，纯的石灰岩、白云岩 GR 幅度最低，而泥质灰岩、泥质白云岩 GR 介于中间；在膏盐剖面中盐岩、石膏层的 GR 较低，泥岩层 GR 幅度最高。还可以用来计算计算泥质含量，将纯泥岩层的自然伽马读数记为 GR_{min}，纯砂岩层的自然伽马读数记为 GR_{max}，解释目的层的自然伽马读数为 GR，则泥质含量指数（I_{sh}）和泥质含量分别为：

$$I_{sh} = (GR-GR_{min}) / (GR_{max}-GR_{min})$$

$$V_{sh} = \frac{2^{GCUR \cdot I_{sh}} - 1}{2^{GCUR} - 1}$$

式中：GCUR 为希尔奇指数，对老井，GCUR=2；对新井，GCUR=3.7。

（张　锋　黄隆基）

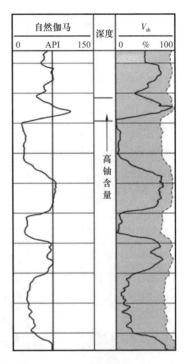

图 2　自然伽马计算泥质含量图

【**自然伽马能谱测井** natural gamma ray spectroscopy logging 】　利用伽马探测器测量地层天然放射性核素产生的伽马射线能谱，并在刻度井获取铀、钍和钾仪器标准谱，通过最小二乘等谱解析方法得到铀、钍和钾含量的测井方法。主要用于寻找高放射性储层、计算泥质含量、评价黏土矿物类型、研究沉积环境和生油层。

自然伽马能谱测井仪器利用两个 BGO 闪烁探测器来测量自然伽马射线，记录 256 道伽马能谱，可输出总伽马、无铀伽马及钾、钍和铀含量曲线（见图 1），其探测深度 61cm，纵向分辨率为 30.48cm，耐温 260℃，钾、钍和铀含量的测量精度分别为 ±5%、±2μg/g 和 ±2μg/g。

利用自然伽马能谱测井可以用来划分地层：铀含量高、钍和钾及总强度低的地层为高放射性砂岩油气层或钙质和粉砂质夹层生成的裂缝，总强度和铀含量高、而钍和钾含量低的地层为高放射性黏土岩油气层；可以识别和定量计算黏土矿物（见图 2）：伊利石、高岭石、绿泥石、伊蒙混层相互交错，通过自然伽马能谱测井的 Th 和 K 含量可以确定黏土矿物类型和含量；研究生油岩：由于有机物对铀的富集起十分重要的作用，当铀含量比常规值明显偏高时，常利用铀异常指示出富含有机物地层，且铀含量高指示生油岩的生油能力强。

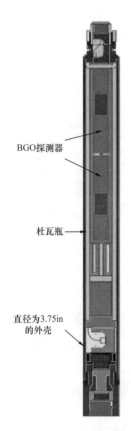
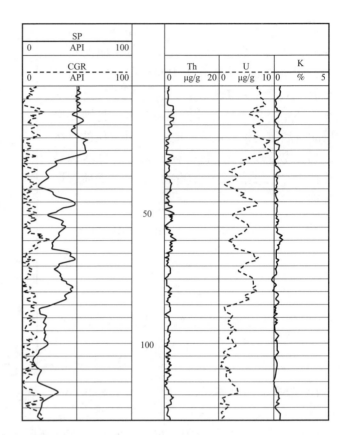

图 1　自然伽马能谱测井仪及自然伽马能谱测井曲线图

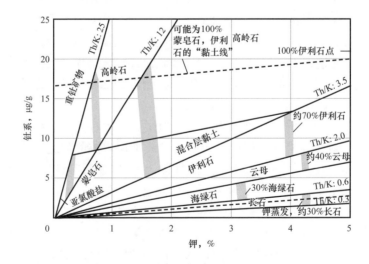

图 2　自然伽马能谱测井识别黏土矿物图

📝 推荐书目

黄隆基.核测井原理［M］.东营：中国石油大学出版社，2008.

高杰，张锋，车小花，等.地球物理测井方法与原理［M］.北京：石油工业出版社，
2022.

（张　锋　黄隆基）

【密度测井 density logging】 以γ射线与地层的相互作用为基础确定地层密度的测井方法。又称散射γ能谱测井。早期的测井仪器只利用康普顿效应测定地层得密度，称为 补偿密度测井；改进后的仪器同时利用光电效应和康普顿效应，测定地层的光电吸收截面指数和密度，称为 岩性密度测井；岩性密度测井经进一步改进又发展为γ能谱岩性密度测井，在仪器设计、测量技术和数据处理等方面有明显的进步。

（张　锋　黄隆基）

【补偿密度测井 compensation density logging】 在井中 伽马源 向地层发射伽马光子，分别用两个探测器测量经过散射的伽马光子的测井方法。中等能量（0.1MeV 以上）散射的伽马光子的计数率与岩石密度相关，密度越大散射伽马计数率越低。

补偿密度测井仪主要由 2Ci 的 ^{137}Cs 伽马源和具有离源不同距离的两个闪烁体探测器组成（见图）。源与探测器之间有屏蔽体隔开，使探测器只能记录经过地层散射而返回到探测器的光子。为消除井眼流体对计数的影响，仪器背部也加以屏蔽，并保持推靠仪器紧贴井壁进行测量。在测量范围内有地层和滤饼（钻井液在井壁上的滤积物）两层介质时，消除滤饼的影响是散射伽马测井测量地层密度的关键。长源距探测器测到的计数率受滤饼的

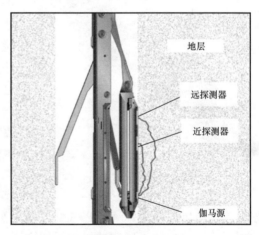

补偿密度测井仪器示意图

影响较小，短源距探测器测到的计数率受滤饼的影响较大，对两个源距探测器的测量结果做组合处理就能把滤饼的影响补偿掉。

补偿密度测井资料可用于岩性的划分和孔隙度的确定，与中子测井及声波测井组成岩性孔隙度测井系列，能解决多种岩性孔隙度分析问题，对气层也有

明显的显示。

补偿密度测井的伽马光子探测器窗口材料是普通金属，低能的散射伽马光子不能进入探测器，导致在识别岩性方面有局限性。三探测器密度测井在补偿密度测井的基础上，增加了一个超近探测器。对滤饼非常敏感可以用于长源距滤饼校正和提高薄层分辨率。

📖 推荐书目

黄隆基.核测井原理［M］.东营：中国石油大学出版社，2008.

高杰，张锋，车小花，等.地球物理测井方法与原理［M］.北京：石油工业出版社，
    2022.

（张　锋　黄隆基）

【岩性密度测井 lithologic density logging】 根据康普顿—吴有训效应和光电效应，同时测量地层岩石密度和光电吸收截面指数的双源距散射伽马测井方法。比补偿密度测井获取的信息多，能够识别岩性和求取地层孔隙度。

岩性密度测井仪示意图

岩性密度测井仪使用 ^{137}Cs 伽马源，它的双源距探测窗口材料使用原子序数很小的金属铍，低能光子也能进入探测器，均能测散射伽马全谱，这就使岩性密度测井能利用散射伽马能谱的高低段（密度计数窗）计数率计算地层密度，而由低能段（地层光电吸收截面指数 Pe 计数窗）计数率求取识别岩性的参数（见图）。由光电效应可知，低能光子对岩石的化学组分敏感，计数率的变化能反映岩性变化。

Pe 与光电吸收系数成正比，化学成分不同的地层 Pe 值有很大的差别，根据测井给出的两个探测器 Pe 曲线可以将砂岩、石灰岩、白云岩及其他岩性的地层区分开。岩性密度测井扩大了滤饼厚度的补偿范围，从而扩大了厚滤饼密度测量的有效范围。但是岩性密度测井只能在裸眼井中进行贴井壁测量，由于其探测深度较浅，Pe 参数测量范围更小，对井眼条件要求较高。

📖 推荐书目

黄隆基.核测井原理［M］.东营：石油大学出版社，2000.

（黄隆基　张　锋）

【随钻方位密度测井 azimuthal gamma density logging while drilling 】 利用安装在钻铤中的密度测井仪器测量地层密度和光电吸收截面指数性质，并将测量结果传送到地面或记录在井下储存器中的一种测井技术。要求测井仪器应能安装在开槽钻铤内较小的空间里，并能承受高温、高压和钻井时产生的强烈振动。在钻进过程中，在井眼横截面以 22.5° 为单位，依次划分成 16 个扇区，在旋转过程中探测器即可探测得到 16 方位的散射伽马光子，进而确定方位密度。随钻方位密度测井可用于地质导向，保证仪器一直在储层中钻进，提高油气钻遇率。

（张　锋　黄隆基）

【随钻方位伽马测井 azimuthal gamma ray logging while drilling 】 将自然伽马测井仪器装在开槽无磁钻铤内，伽马探测器测量来自于地层放射性核素产生的伽马射线，记录不同方位的放射性强度脉冲信号数据，实时上传或存储在井下的测井技术。与电缆测井仪器不同，随钻方位伽马测井可以实时反映地层信息，精确确定钻头的钻进轨迹；同时利用多探测器系统根据方位采集数据，实现地层界面、倾角和厚度等地质导向和储层评价参数。随钻伽马测井仪有单探测器、双探测器、三探测器和四探测器等不同类型，可以实现上下自然伽马测井曲线及方位伽马成像数据。

（张　锋　黄隆基）

【中子测井 neutron log 】 以中子与地层岩石相互作用为基础的核测井方法。中子源从井筒内向地层岩石发射快中子，用中子探测器或伽马探测器测量与岩石相互作用之后的中子或激发出的伽马射线。

　　中子测井根据使用的中子源不同可分为同位素源中子测井和脉冲中子测井，在裸眼井和套管井中都能进行中子测井。中子测井用于划分地层的岩性、计算储层孔隙度和含油气饱和度。

　　中子测井的下井仪器主要包括中子源和探测器，二者的间距称为源距，不同的源距具有不同的探测特性。

　　同位素源中子测井　分为超热中子测井、热中子测井、中子伽马测井和中子伽马能谱测井。

　　同位素源中子测井研究以下内容：

　　（1）中子与地层的核反应。同位素中子源发射出快中子，与井眼和地层中各种元素的原子核碰撞并主要通过弹性散射而使之能量减低，逐步慢化成超热中子和热中子。不同核素的原子核对快中子的减速能力不同。氢是最强的中子减速剂，含氢高的地层对快中子的减速能力强，地层孔隙中油、水都是高含氢介质，快中子慢化是测定孔隙度的核物理基础。热中子在地层中被靶核俘获，并放出一个或几个伽马光子（射线），即为俘获辐射核反应，依此建立了中子伽马测井和中子伽马能谱测井。中子还能使某些稳定核素转变为放射性同位素，即发生了中子活化核反应。这些被活化了的放射性同位素能发射特定能量的伽马光子，依此建立了脉冲中子氧活化测井。

（2）核反应截面。中子与原子核相互作用的概率是用截面表示的，分为微观截面（一个原子核的截面）和宏观截面（单位体积所有原子核微观截面总和）。宏观截面有散射截面、俘获截面和总截面之分。岩石的宏观截面决定了对中子的减速能力，岩石对中子的减速能力称之宏观减速能力，减速能力主要取决于孔隙中的水和油；岩石的俘获截面决定了热中子的寿命和分布。单位体积地层中氢原子数与淡水的氢原子数之比为含氢指数。通过测量地层岩石含氢指数和宏观俘获截面可以认识其孔隙中的流体性质。

同位素源中子测井用于确定地层岩性、计算孔隙度和识别流体性质。

脉冲中子测井　脉冲中子测井按设计的脉冲宽度和重复率向地层发射快中子，用中子探测器测量超热中子和热中子，或用伽马探测器记录中子激发的伽马射线，根据这些测量结果的时间和空间分布，可在裸眼井和套管井中确定岩性，计算孔隙度、含油饱和度并识别气层等。

在快中子与地层相互作用的不同时间段里，建立起各种脉冲中子测井方法。

（1）非弹性散射。脉冲中子源向地层发射能量为 14MeV 的快中子，在最初的 $10^{-8} \sim 10^{-7}$s 时间间隔内，中子与 C、O、Si 和 Ca 的原子核主要发生非弹性散射，激发出伽马射线。根据射线强度和能量（能谱），识别这些元素并确定其在地层中的含量。依此建立碳氧比能谱测井。

（2）弹性散射。快中子经过一二次非弹性散射后，与靶核相互作用并进入以弹性散射为主的慢化过程。慢化时间和慢化长度主要反映地层的含氢指数，测量超热中子计数率随时间的变化，依此建立脉冲中子孔隙度测井。超热中子进一步慢化转变为热中子，测量热中子计数率随时间的变化（时间谱）。依此建立脉冲中子—中子测井（PNN）。

（3）俘获辐射。热中子在地层中扩散，并逐步被 Cl 等地层中元素的原子核俘获，产生伽马射线。测量伽马射线计数率随时间的变化，可计算热中子寿命，依此建立中子寿命测井。

（4）中子活化。快中子和热中子都能使地层或井筒中介质的原子核活化，变成放射性同位素。若快中子与氧原子核发生核反应并发射伽马射线，则称为氧活化。依此建立中子活化测井。

多模式、多探测器综合方法是脉冲中子测井的发展方向。为此，应研制适用的中子管、下井仪器脉冲幅度和时间分析器、稳谱技术；对测井仪器能进行正确的刻度并在测井时进行质量控制；对复杂能谱和时间谱能进行解析；对采集的数据能进行处理和综合解释。

📝 推荐书目

黄隆基.核测井原理［M］.东营：石油大学出版社，2000.

徐四大.核物理学［M］.北京：清华大学出版社，1992.

（黄隆基）

【中子孔隙度测井 neutron porosity logging】 通过中子源向地层中发射快中子，利用探测器测量得到热中子或超热中子计数率，并将计数率转换为视石灰岩孔隙度的一类中子测井方法。主要分为井壁超热中子孔隙度测井及补偿中子孔隙度测井两大类，两种测井方法分别是通过探测超热中子和热中子进行地层孔隙度的确定。

（张　锋　黄隆基）

【井壁超热中子孔隙度测井 epithermal neutron porosity logging】 由同位素中子源（安装在贴井壁的滑板上）放出快中子，进入地层后与元素原子核发生非弹性散射和弹性散射而损失能量变成超热中子，利用探测器探测超热中子计数率来反映地层含氢指数的测井技术。又称井壁中子孔隙度测井。超热中子计数率受源距影响，源距越大对地层含氢指数分辨率越高，但同时源距过大会造成计数率降低、放射性统计误差增大等问题，故一般选取源距为 30～45cm。超热中子孔隙度测井的探测深度较浅，对于裸眼井孔隙度为 22% 的石灰岩地层，其探测深度约为 18cm。

超热中子探测　He-3 正比计数管常用来探测超热中子，测量时一般在探测器外侧加热中子吸收剂（镉片）作为屏蔽层，屏蔽直接进入探测器的热中子，然后在屏蔽层与探测器之间加减速剂（塑料、石蜡等高含氢量高物质），使穿过屏蔽层的超热中子迅速减速为热中子而被探测。

含氢指数　地层对快中子的减速能力主要决定于它的含氢量。在中子测井中，将淡水的含氢量规定为一个单位，而 $1cm^3$ 任何岩石或矿物中的氢核数与同样体积的淡水的氢核数的比值定义为它的含氢指数。含氢指数用 I_H 表示，它与单位体积中介质的氢核数成正比，中子孔隙度测井中，用含氢指数表征地层含氢量。中子测井时测得的孔隙度实质上就是等效含氢指数。

挖掘效应　与饱含淡水的地层相比，地层含有天然气使孔隙含氢指数减小，岩石对中子的减速能力降低，产生了一个负的含氢指数附加值，称为挖掘效应。含气地层会导致中子孔隙度测井值偏低。

📝 推荐书目

黄隆基.核测井原理［M］.东营：中国石油大学出版社，2008.

高杰，张锋，车小花，等.地球物理测井方法与原理［M］.北京：石油工业出版社，2022.

（张 锋 黄隆基）

【补偿中子孔隙度测井 compensated neutron porosity logging】 利用同位素中子源（Am–Be 中子源）向地层发射快中子，然后采用两个不同源距的热中子探测器测量经地层慢化并散射回到井筒的热中子，计算近探测器和远探测器的热中子计数率比值来反映地层对快中子的减速能力，反映地层含氢量的变化，从而确定地层孔隙度的测井技术。

补偿原理 补偿中子孔隙度测井采取足够大的源距，且源距不同的近、远双探测器的热中子计数率比值，很大程度上补偿了地层吸收性质和井环境对孔隙度测量的影响。已知补偿中子孔隙度仪器的近探测器和远探测器热中子计数率分别为 $N_t(r_1)$、$N_t(r_2)$，其中 r_1、r_2 分别为近探测器和远热中子探测器源距（$r_1 < r_2$），忽略热中子扩散长度 L_t 对测量结果的影响，则补偿中子孔隙度探测器热中子计数率比值如下：

$$\frac{N_t(r_1)}{N_t(r_2)} = \frac{r_2}{r_1} e^{-(r_1 - r_2)/L_e}$$

当仪器探测器源距确定后，近远探测器热中子计数率比值仅与减速长度 L_e 有关，即该值取决于岩石的含氢量，故可将近远探测器计数比值转换为含氢指数或孔隙度 ϕ_{SNP}。补偿中子孔隙度测井的探测深度随孔隙度减小而增大，对于裸眼井孔隙度为 22% 的石灰岩地层，其探测深度约为 25cm。

刻度 补偿中子孔隙度测井仪器在不同孔隙度的饱含淡水石灰岩刻度井中进行刻度，井内充满淡水，井径为 20cm，通过刻度建立近远热中子计数率比值与地层孔隙度的转换关系。

中子孔隙度测井受岩性和骨架矿物影响，饱含水石英砂岩地层孔隙度测井值偏小，而白云岩地层的孔隙度测井偏大；泥岩层中子孔隙度测井具有较高的视孔隙度值；液态烃的含氢指数与淡水接近，油层的孔隙度与含氢指数无明显差别，天然气含氢指数低且受地层温度和压力影响，其中子孔隙度测井值较小。

传统补偿中子孔隙度仪器主要由活度18Ci 的 Am–Be 源和两个 ^{3}He 计数管组成（见图 1），其中近探测器和远探测器源距分别为 37.8cm（15in）和 62cm（24.7in），Am–Be 源中子产额为 4×10^7n/s。通过利用近远探测器热中子计数率比值反映地层含氢指数，确定地层孔隙度。

利用补偿中子和补偿密度孔隙度曲线重叠，可以快速识别岩性的、直观显示和评价气层，气层的含氢量明显低于同孔隙度的油水层，其补偿密度和中子孔隙度特征表现为密度孔隙度偏大，而中子孔隙度偏小（见图 2）。

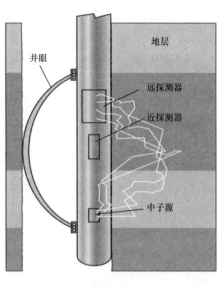

图 1　补偿中子孔隙度测井仪器示意图

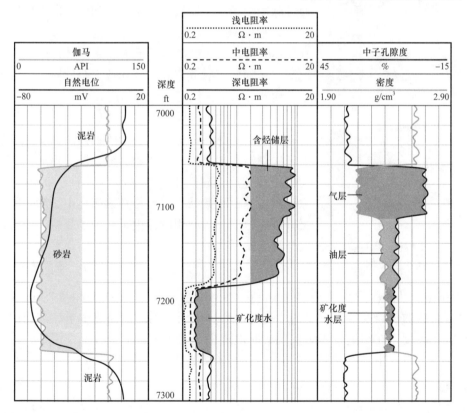

图 2　补偿中子孔隙度测井成果图

热中子裂缝探测是利用补偿中子测井仪或脉冲中子测井仪，通过探测压裂裂缝中含有高热中子俘获截面元素的支撑剂，记录压裂前后地层热中子计数变化来间接地确定压裂裂缝的位置、裂缝高度等参数。当中子源放出的中子进入地层与原子核发生作用会慢化成热中子，压裂后向地层裂缝中注入非放射性标记支撑剂，相比压裂前标记支撑剂中含有对热中子俘获能力强的元素，致使裂缝处的热中子数量大幅减少，对比压裂前后的热中子计数曲线可以反映压裂裂缝的特征。

📝 **推荐书目**

黄隆基.核测井原理［M］.东营：中国石油大学出版社，2008.

高杰，张锋，车小花，等.地球物理测井方法与原理［M］.北京：石油工业出版社，2022.

（张　锋　黄隆基）

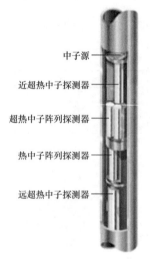

中子源

近超热中子探测器

超热中子阵列探测器

热中子阵列探测器

远超热中子探测器

阵列脉冲中子孔隙度
测井仪示意图

【脉冲中子孔隙度测井 pulse neutron porosity logging】通过脉冲中子发生器按照一定脉宽和频率向地层发射中子，采用两个源距的热中子探测器来记录热中子，其比值来确定中子孔隙度的测井技术。脉冲中子孔隙度测井在降低辐射危害和保障作业安全的同时，增加了探测器计数率，提高了测量精度。

阵列脉冲中子孔隙度测井仪（见图）测量系统由近超热中子探测器、中超热中子阵列探测器、远超热中子探测器和1个热中子探测器阵列探头组成，集补偿中子孔隙度、超热中子寿命和热中子寿命于一体，除利用短源距测量结果来改善补偿超热中子测井的薄层分辨能力外，还利用脉冲中子—中子测量，使得薄层分辨能力更高。

（张　锋　黄隆基）

【随钻中子孔隙度测井 LWD neutron porosity logging】 由中子源和两个 He-3 计数管组成的仪器安装在钻铤内，通过两个热中子探测器记录热中子计数比值来确定孔隙度，在钻进过程中实现实时确定中子孔隙度的测井技术。用于评价地层孔隙度和岩性，并结合电阻率测井进行流体识别与评价。

（张　锋　黄隆基）

【中子伽马能谱测井 neutron-gamma spectrum logging】 利用中子源向地层发射

快中子，通过测量快中子与地层原子核发生非弹性散射和辐射俘获后放出的次生伽马射线强度或能谱，来研究地层、流体性质的测井方法。

（张　锋　黄隆基）

【中子伽马测井 neutron–gamma logging】 利用同位素中子源发射的快中子连续照射井剖面，通过测量地层热中子俘获伽马射线来反映地层、流体性质的测井方法。中子伽马测井仪包括同位素中子源（Am–Be 中子源）、屏蔽体和伽马探测器。测井时，由同位素中子源向地层发射出快中子，与地层原子核碰撞逐步减速形成热中子，进而热中子被原子核俘获，同时放出伽马射线，然后利用伽马探测器进行俘获伽马射线的强度的测量（见图）。地层中氢元素的中子弹性散射截面最大，使大部分快中子减速为

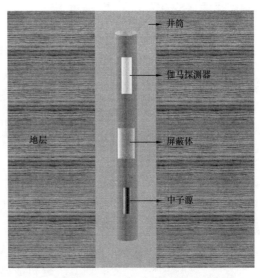

中子伽马测井示意图

热中子；氯元素的热中子俘获截面最大，这两种元素对中子伽马测井起主导作用。例如当地层中热中子密度相同时，含高矿化度地层水的地层中子伽马测井异常值高。中子伽马测井主要用于划分岩性、判别高孔隙度气层、监测气水界面等。

（张　锋　黄隆基）

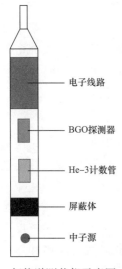

氯能谱测井仪示意图

【氯能谱测井 chlorine spectroscopy logging】 由同位素中子源、屏蔽体、热中子探测器、伽马探测器和电子线路组成的测井仪（见图），利用伽马探测器记录地层水中氯元素的中子伽马能谱，测量地层剩余油饱和度和孔隙度，直接寻找油气层、监测储层动态的测井方法。测井时，同位素中子源（Am–Be 或 Pu–Be）向地层发射中子，这些中子减速慢化成热中子后，被井眼和地层中元素的原子核俘获并释放出俘获伽马射线，其中，氯元素放出的俘获伽马射线在高能量段的比例明显大于其他元素。利用伽马探测器测量 3.5～6.5MeV 能量段的俘获伽马射线，定义为"氯曲线"，其大小随地层中氯元素含量的增加而增大；利用 He–3 计数管来测量热中子强度，定义为"中子曲线"，其大小随地

层中氯元素含量的增加而减小。通过比较氯曲线和中子曲线的比例关系，即可确定地层中的氯含量。氯能谱测井可用于划分水淹层、确定地层孔隙度和剩余油饱和度、划分油水层及检查固井质量和油井堵水效果等。

　　氯能谱测井兴起于 20 世纪中叶，由于其对油和水响应灵敏、分辨能力强的特点广泛应用于油田勘探领域。改进后的新型氯能谱测井仪，地层孔隙度解释的求解精度小于 2 个单位，剩余油饱和度解释的求解精度小于 10%。

（张　锋　黄隆基）

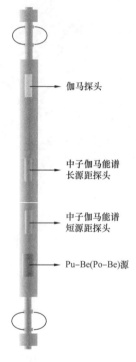

宽能域中子伽马能谱
测井仪结构示意图

【宽能域中子伽马能谱测井 wide range neutron–gamma spectroscopy logging】 俘获伽马能谱和变相中子—中子（用热中子俘获伽马来等效热中子计数）测井的组合。测井时，同位素中子源发射的快中子与地层发生非弹性散射和弹性散射后形成热中子，热中子被俘获的同时放出俘获伽马射线，通过分析 0.1～8MeV 宽能域范围内的伽马能谱，利用氯函数和中子孔隙度公式计算剩余油气饱和度，从而进行剩余油饱和度评价及油气水层的划分。解析能谱可用于精细岩性识别，划分砂泥岩剖面、碳酸盐岩剖面、煤层及其他复杂剖面，进行孔隙度评价，确定油 / 水接触面、气 / 水接触面和精确求取目的层的含油饱和度。

　　宽能域中子伽马能谱测井仪由一个 Po–Be 同位素源与两个 NaI 探测器组成（见图），晶体外套有硼套，采用两个 256 道进行能谱分析，一个 256 道能谱分析范围为 0.1～3.0MeV，另一个能谱分析范围为 3.0～8.0MeV，能谱分析的最短时间为 4ns，能量分辨率为 10%。测量密度范围为 1.7～2.9g/cm^3，绝对误差为 0.05g/cm^3。

（张　锋　黄隆基）

【元素伽马能谱测井 element spectroscopy logging】 中子活化测井、非弹性散射伽马能谱测井和热中子俘获伽马能谱测井等组合求取地层元素含量，并转换成地层矿物含量的测井方法。元素伽马能谱测井仪器主要由中子源、伽马探测器及电子线路组成（见图）。测井时，高能中子源发出的快中子与地层物质发生非弹性散射、中子活化和热中子俘获等反应。不同元素与中子发生上述核反应的过程中放出不同能量的特征伽马射线。通过记录非弹性散射伽马能谱和热中子俘获伽马能谱，利用最小二乘法等能谱分析方法获取地层元素产额，利用氧闭合模型等方法确定元素含量，最终获取地层矿物含量及岩石脆性指数等参数。元素能谱测井所提供的丰富信息，对于评价地层各种性质、获取地层物性参数、计算黏土矿物含量、区别沉积体系、划分沉积相带和沉积环境、推断成岩演化、判断地层渗透性等均具有重要参考意义。

元素伽马能谱测井方法已在油田得到广泛应用，常用的元素能谱测井仪有元素能谱测井仪 ECS、岩性扫描测井仪 Litho Scanner（见图）、地球化学元素监测仪 GEM、地层岩性元素测井仪 FleX 和地层元素监测仪 FEM 等几种，其中 ECS 利用 Am–Be 中子源和一个 BGO 探测器，能够测量硅、钙、铁、硫、钛、钆等 6 种元素含量；Litho Scanner 采用 D–T 脉冲中子源和高分辨率 LaBr$_3$ 伽马探测器，可测量铝、钡、碳、钙、氯、铜、铁、钆、氢、钾、镁、锰、钠、镍、氧、硫、硅、钛等 18 种元素，精度小于 2%；GEM 采用 Am–Be 同位素中子源和 1 个 BGO 晶体探测器，可测量氢、碳、氧、镁、铝、硅、硫等 14 种元素；FleX 采用高频率的 D–T 脉冲中子发生器和 BGO 晶体闪烁探测器，可测量铝、钙、碳、氯等 16 种地层元素；FEM 采用 Am–Be 中子源和 BGO 晶体探测器，能够测量硅、钙、铁等 10 种元素。

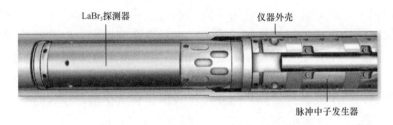

Litho Scanner 元素能谱测井仪结构示意图

📝 推荐书目

高杰，张锋，车小花，等. 地球物理测井方法与原理［M］. 北京：石油工业出版社，2022.

（张　锋　黄隆基）

【脉冲中子测井 pulsed neutron logging 】 按设计的脉冲宽度和重复率向地层发射快中子，用中子探测器测量超热中子和热中子，或用伽马探测器记录中子激发的伽马射线，根据这些粒子的时间和空间分布，在裸眼井和套管井中确定岩性、孔隙度、含油饱和度和识别气层等的中子测井方法。在快中子与地层相互作用的不同时间段里，可建立不同脉冲中子测井方法。根据脉冲发射和测量方式的不同，分为碳氧比能谱测井、中子寿命测井、中子活化测井、多模式饱和度测井和中子伽马密度测井。

对于脉冲中子源的发射和关闭，一般是在微秒量级上的控制。脉冲中子周期为 200μs，中子源在 10～50μs 发射快中子，同时进行非弹伽马能谱的测量，在 100～200μs 中子源停止发射，并进行俘获伽马能谱测量，在仪器工作期间上述过程持续重复进行，完成非弹俘获伽马能谱及时间谱等信息的测量（见图）。

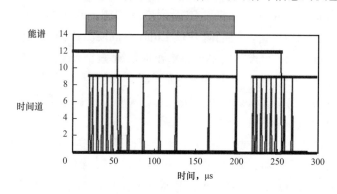

脉冲时序设计示意图

脉冲中子测井中，通过设置测井仪器的脉冲时序、测井速度及测量方式，以达到不同的测量目的，称为不同的测量模式，一般包括中子寿命测量模式、碳氧比测量模式和氧活化测量模式。中子寿命测量模式时，脉冲周期较长（1000μs 左右），主要记录伽马时间谱，用于宏观俘获截面计算，测井速度较快；碳氧比测量模式时，脉冲周期较短（200μs 左右），主要记录非弹伽马能谱及俘获伽马能谱，用于碳氧比计算，测井速度较慢；氧活化测量模式时，一般将仪器固定在某深度点，脉冲周期 10s 以上，测量该深度点流体流速。

（张　锋　黄隆基）

【碳氧比能谱测井 carbon-oxygen spectral logging】 以测量地层中碳元素能谱和氧元素能谱之比为主的脉冲中子测井方法。在碳氧比（C/O）能谱测井中，脉冲中子源向地层发射 14MeV 高能快中子，它与地层各种元素的原子核发生非弹性散射会放出伽马射线，不同元素在单位时间内放出的伽马射线强度（计数率）与射线能量是不同的。石油中的元素组成以碳元素为主，水中的元素组成以氧元素为主。碳氧比能谱测井中，通过测量中子与碳和氧元素原子核作用而产生的伽马射线计数比，可以计算出含水饱和度 S_w。同理，利用钙元素和硅元素产生的伽马计数比可以认识地层的岩性。碳氧比能谱测井适合在中、高孔隙度地层的套管井中确定剩余油饱和度，划分油、气、水层和水淹层；在生产中能发现遗漏的油气层；判断蒸汽驱替程度等。碳氧比能谱测井速度较慢，通常为 50～60m/h 或略高一些，在关键层位进行点测，并多次重复测量。

碳氧比能谱测井中，快中子与碳原子核发生非弹性散射产生能量为4.43MeV 的伽马射线，与氧元素原子核发生作用产生能量为6.13MeV 的伽马射线，同时也会产生能量分别为6.92MeV 和7.12MeV 的伽马射线，但出现概率较低。因而在非弹伽马能谱中会形成4.43MeV 和6.13MeV 的能量峰，一般取4.15～4.81MeV 能量范围作为碳元素特征伽马计数窗，称为碳能窗，取5.89～6.34MeV 能量范围作为氧元素特征伽马计数窗，称为氧能窗（见图1）。

分别在碳和氧元素能窗范围内获取伽马计数并做比值，称为碳氧计数比。碳氧能窗内伽马计数同时也会包含其他元素产生的伽马射线，为获取较为纯净的碳和氧元素特征伽马计数，可采用加权最小二乘等方法进行非弹性散射伽马能谱解析，得到碳氧计数比反映地层含油性，比值越高表示地层含油性越高。

碳氧比能谱测井仪器由一个 D-T 脉冲中子源和3个 NaI 晶体（或 LaBr$_3$ 晶体）探测器组成（见图2），通过记录伽马能谱确定地层 C/O，实现地层含油饱和度计算。

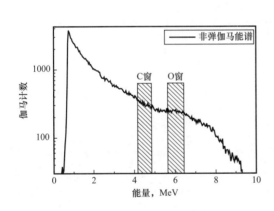

图1　碳和氧元素伽马能窗示意图

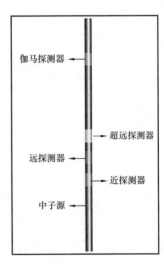

图2　碳氧比测井仪器示意图

📝 推荐书目

朱达智，栾世文，程宗华，等.碳氧比能谱测井［M］.北京：石油工业出版社，1984.

高杰，张锋，车小花，等.地球物理测井方法与原理［M］.北京：石油工业出版社，2022.

（张　锋　黄隆基）

【中子寿命测井 neutron lifetime logging】 通过测量伽马光子计数或热中子计数随时间的衰减快慢，计算地层热中子寿命，反映地层对热中子的俘获能力，从而认识地层流体性质的一种测井方法。中子寿命指从热中子产生的瞬间开始，到约 63.2% 被岩石吸收时为止所经历的平均时间，以 τ 表示，单位为 μs。

具有一定矿化度的地层水中氯元素原子核对热中子具有相对较高的俘获能力，地层饱含矿化水时，地层呈现较低的中子寿命。石油对热中子的俘获能力较低，地层饱含油时，地层呈现较高的中子寿命。依此原理，通过地层中子寿命测量，进行地层油水区分，寻找有利开采层位。

俘获截面　一个热中子入射到单位面积内只含一个靶核所发生的概率称为微观俘获截面。$1cm^3$ 体积的物质中所有原子核对热中子的微观俘获截面之和称为宏观俘获截面，以 Σ 表示，单位为 c.u.。常见矿物的俘获截面（Σ）和中子寿命（τ）理论值（见表）。可以看出，储油岩石的主要骨架矿物，如石英、方解石、白云石的热中子宏观俘获截面 Σ 都较小；氯的热中子俘获截面比硅、钙、镁、氢、氧等高一到几个数量级，所以岩盐和高矿化度地层水的热中子宏观俘获截面 Σ 很大，热中子寿命都很短，在一般情况下，Σ 增大主要反映岩石含氯量增高；矿物中含硼元素时热中子宏观俘获截面特别大，在岩石骨架或孔隙流体中，微量的硼就能使 Σ 明显增大。

常见矿物俘获截面及中子寿命理论值

矿物	分子式	Σ, c.u.	τ, μs
石英	SiO_2	4.25	1070
方解石	$CaCO_3$	7.3	623
白云石	$CaMg(CO_3)_2$	4.8	948
淡水	H_2O	22.1	205
矿化水 100g/L	$H_2O+NaCl$	58	78.5
矿化水 250g/L	$H_2O+NaCl$	123	37
正长石	$KalSi_3O_8$	15.0	303
硬石膏	$CaSO_4$	13.0	350
岩盐	$NaCl$	770.0	6
钾盐	KCl	580.0	8
硼砂	$NaB_4O_7H_2O$	9000.0	0.5
铁	Fe	220.0	21
赤铁矿	Fe_2O_3	104.0	44

伽马时间谱 中子寿命测井中，利用伽马探测器记录伽马计数随时间的变化规律，得到横坐标为时间，纵坐标为伽马计数的散点图，称为伽马时间谱，一般从脉冲发射后开始记录，各个时间间隔 5～50μs 不等，记录时长1200～2000μs，期间中子源处于关闭状态，伽马时间谱一般呈指数下降规律，根据其指数下降的程度不同，反映地层宏观俘获截面，从而计算地层含油饱和度等参数。

热中子时间谱 中子寿命测井中，利用中子探测器记录热中子计数随时间的变化规律，得到横坐标为时间，纵坐标为热中子计数的散点图，称为热中子时间谱，一般从脉冲发射后开始记录，各个时间间隔 5～50μs 不等，记录时长1200～2000μs，期间中子源处于关闭状态，热中子时间谱一般呈指数下降规律，根据其指数下降的程度不同，反映地层宏观俘获截面，从而计算地层含油饱和度等参数。

注硼中子寿命测井 在测井过程中，首先利用中子寿命测井仪器在井中进行第一次测量，然后向井中注入含硼流体，并进行第二次中子寿命测井，由于硼元素具有较高的俘获截面，当某层位孔隙度和渗透率较好时，含硼流体大量注入，导致该层位俘获截面大大增加，两次测量得到的中子寿命值差异明显，从而确定该层位位置，这种利用"测—注—测"工作方式及中子寿命原理的测井方法称为注硼中子寿命测井。

中子寿命测井中，测量主要信息是脉冲发射后伽马光子计数或热中子计数随时间的变化规律，即伽马时间谱或热中子时间谱（见图），当地层岩性和孔隙度等条件相同时，随着含油饱和度的增加，伽马光子计数率随时间衰减程度越来越弱，体现地层孔隙中的油气较低的俘获能力。

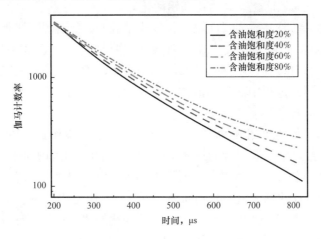

不同含油饱和度时的伽马时间谱

中子寿命测井适合在地层水氯离子高于 4×10^4mg/L 的储层确定含水饱和度，划分油、气、水层，在注入水与地层水矿化度等同时可确定剩余油饱和度和划分水淹层。在我国多数油田中使用了中子寿命测—注—测工艺（注硼中子寿命测井）、测—渗—测工艺（时间推移技术）来确定剩余油饱和度、划分水淹级别等。

中子寿命测井也可用来评价裂缝，通过探测压裂裂缝中含有高热截面元素的支撑剂，记录压裂前后地层宏观俘获截面变化来确定压裂裂缝位置、高度等参数。压裂后向地层裂缝中注入非放射性标记支撑剂，当中子进入地层经过一段时间慢化形成热中子，标记支撑剂中具有强热中子俘获能力，压裂后的地层宏观俘获截面增大，利用中子寿命测井仪分别得到压裂前后的地层宏观俘获截面曲线即可进行裂缝参数评价。

📝 推荐书目

黄隆基.核测井原理［M］.东营：中国石油大学出版社，2008.

高杰，张锋，车小花，等.地球物理测井方法与原理［M］.北京：石油工业出版社，2022.

（张　锋　黄隆基）

【中子活化测井 neutron activation logging】　通过测量活化产生的 γ 光子，反映地层性质的测井方法。快中子和热中子都能使原子核活化，使稳定核素转变为放射性核素，这些核素成为活化核，并按其固有的半衰期进行衰减，并释放出 β 或 γ 粒子，这种反应称为中子活化反应。原子核发生活化反应，使稳定核素转变为放射性核素，放射性核素发生衰变产生的伽马称为活化伽马射线。按测量目标的不同，可分为氧活化、硅活化和铝活化等。

氧活化测井　快中子与 ^{16}O 原子核发生活化反应，生成 ^{16}N 原子核，^{16}N 以 7.13s 的半衰期发生衰变并放出伽马射线，主要是能量为 6.13MeV 的射线，通过测量活化伽马射线到达不同探测器时间确定水流的测井方法称为氧活化测井，一般用于生产测井过程中的井筒流体流速测量，也可用于确定聚合物的吸入量、找漏、套管外窜漏等。

氧活化测井仪器采用脉冲中子源和多个伽马探测器组成，以一定脉冲宽度发射中子后，经过中子源附近的流体中的 ^{16}O 被活化，不同源距伽马探测器记录活化核衰变放出的伽马射线，伽马计数达到最大值时表明流体流过，通过测量各个探测器伽马计数最大值的时间间隔，可计算井筒流体流速。

氧活化测井中记录的伽马计数随时间的变化规律，称为氧活化测井时间谱，时间间隔10ms以上，测量周期为10s以上，谱形一般为峰形。根据不同探测器氧活化测井时间谱确定谱峰间隔，结合探测器之间的距离可计算井筒中水流流速，根据井筒截面积可确定水流流量。井筒中某一长度段内，水的体积占该段总体积的百分比称为持水率。

硅活化测井　快中子与 ^{28}Si 元素原子核发生活化反应，生成 ^{28}Al 原子核，^{28}Al 原子核以 2.3min 的半衰期发射衰变放出能量为 1.782MeV 的伽马射线，通过测量 Si 活化伽马射线的测井方法称为硅活化测井，利用该测井方法可进行地层硅元素含量计算。

铝活化测井　快中子与 ^{27}Al 元素原子核发生活化反应，生成 ^{27}Mg 原子核，^{27}Mg 原子核以 9.5min 的半衰期发生衰变放出能量为 0.842MeV 和 1.013MeV 的伽马射线，通过测量 Al 活化伽马射线的测井方法称为铝活化测井，利用该测井方法可进行地层铝元素含量计算。

📝 推荐书目

孙建孟.油田开发测井［M］.东营：中国石油大学出版社，2007.

（张　锋　黄隆基）

【多模式饱和度测井 multiple mode saturation logging 】　同时具有碳氧比能谱测井、中子寿命测井和中子活化测井功能的脉冲中子测井方法，用于在套管井中监测地层及井眼流体性质。

在多模式饱和度测井中，碳氧比能谱测井方法利用快中子非弹散射伽马能谱测量储层中碳元素和氧元素的含量，与地层的含氯量无关。含水饱和度相同而岩性不同地层的碳氧比值有很大差别，把碳和氧分别作为油和水的指示元素不具有唯一性。当地层水矿化度很高时，氯元素对俘获伽马能谱有很大影响，使硅钙比能谱测量精度低，准确从碳的总计数中扣除碳酸钙中碳的贡献，会影响到饱和度的测量精度。中子寿命测井在地层水矿化度高的条件下效果好，在矿化度低、不稳定或未知时效果差。

多模式饱和度测井仪 RST 包括一个 D–T 脉冲中子发生器、两个源距不同的锗酸铋（GSO）闪烁体探测器和屏蔽体（见图），探测器分别偏靠井壁和井筒。长源距探测器 LS 偏向地层，测量信息中地层贡献

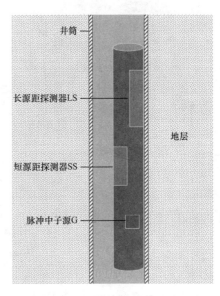

多模式饱和度测井仪结构示意图

大、井筒流体贡献小，短源距探测器 SS 偏向井筒，测量信息中地层贡献小、井筒流体贡献大。选取非弹—俘获模式时，主要测量快中子非弹伽马能谱和俘获伽马能谱，从中获得碳氧铋比、硅钙比和与氢、氯、铁等元素有关的各种信息，对两个探测器的谱数据进行解析，可得到地层含水饱和度和井筒流体持率。选取俘获—Σ 模式时，主要测量俘获伽马射线时间谱，获得地层和井眼流体的宏观俘获截面，估算出含水饱和度；同时测量俘获伽马射线能谱，从中获得与孔隙度、矿化度和泥质含量有关的各种信息。选取氧活化模式时，分别利用长短源距探测器测量伽马计数随时间的变化规律，根据长短源距伽马时间谱峰值出现时间间隔，可确定井筒流体流速。同时利用该仪器可进行硅活化、铝活化测井，用于测量井中流体流量和砾石充填情况。

（张　锋　黄隆基）

【中子伽马密度测井 pulsed neutron gamma density logging 】 利用 D–T 中子源放出的 14MeV 高能快中子，与地层元素原子核发生作用放出非弹性散射和俘获伽马射线，利用次生伽马射线确定地层密度的一种测井方法。

脉冲中子源向地层发射 14MeV 高能快中子，能量 1MeV 以上的快中子会与地层原子核发生非弹性散射释放出非弹伽马射线（见图）；高能快中子经过地层减速作用逐渐慢化成热中子，热中子被地层原子核俘获放出俘获伽马射线。与传统伽马—伽马密度测量类似，次生非弹或俘获伽马射线在地层中的输运和衰减过程与地层密度紧密相关，通过探测器记录次生伽马射线在地层中的分布规律，可实现地层密度的测量。

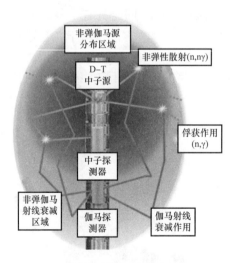

中子伽马密度测井示意图

非弹散射伽马计数是指地层中产生的次生非弹伽马射线经过地层物质衰减和吸收到达探测器附近，并被伽马探测器记录到光子数。非弹散射伽马计数与地层密度相关，可用于地层密度的测量，而俘获伽马计数与地层含氢指数相关，可用于地层含氢指数校正。脉冲中子伽马密度测井中，中子源以一定的脉冲宽度发射中子，利用两个源距不同的伽马探测器记录中子脉冲时间内的非弹性散射伽马计数，在中子源关闭阶段记录俘获伽马计数或热中子计数或超热中子计数。根据近远探测器非弹性散射伽马计数比来表征地层密度，同时利用俘获伽马计数比或热中子计数比等来校正地层含氢指数对密度测量结果的影响。

（张　锋　黄隆基）

【核磁共振测井 nuclear magnetic resonance log】 以核磁共振理论和岩石核磁振特性为基础的核测井方法。核磁共振测井利用磁性核在磁场中的能量变化获取信息，可区分地层孔隙中的束缚流体和可动流体，进而研究孔隙结构和计算渗透率，在有利条件下可测定油、气、水饱和度。核磁共振测井分为地磁场核磁共振测井和人工磁场核磁共振测井。

　　起源与发展　20世纪40年代，美国科学家发现了核磁共振（NMR）现象和氢原子核在地磁场中的自由进动，这些发现为地磁场核磁共振测井奠定了基础。1978年，美国核科学家提出了"Inside-Out"测量思想，即用永久磁铁在井眼和地层中激发人工磁场，与天线射频频率配合，将工作区移到井筒之外的地层中（见图），使核磁共振测井技术获得进展。20世纪90年代，以氢核在人工磁场中的进动为基础的人工磁场核磁振测井得到应用。

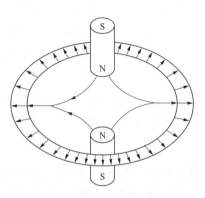

核磁共振"Inside-Out"测量示意图

　　原理　核磁共振测井测量的是地层孔隙流体中氢原子核产生的核磁共振信号。岩石骨架中的主要核素 ^{12}C（碳–12）、^{16}O（氧–16）、^{24}Mg（镁–24）、^{28}Si（硅–28）和 ^{40}Ca（钙–40）等均无磁性，对核磁共振信号没有贡献，使核磁共振测井对岩性不敏感。^{13}C（碳–13）、^{23}Na（钠–23）、^{35}Cl（氯–35）为磁性核，信号很微弱，难以得到可用信息。激发含 ^1H（氢–1）的地层核磁信号强，其过程包括"磁化""共振"和"弛豫"三个阶段。

　　（1）磁化。在无外部磁场作用时，核磁矩的指向是无序的，含有大量氢原子核的油、气和水在宏观上看都不是磁性物质。而在外加稳定磁场 B_0 的作用下，氢原子核将以固有的共振频率绕磁场方向进动，核磁矩将逐渐排列有序，在宏观上产生了磁化矢量 M_0。此时，磁化矢量的取向与磁感应强度 B_0 相同，整个系统处于低能态。

　　（2）共振。在与磁场垂直的方向上施加一个射频脉冲，当作用于氢原子核的电磁波频率与氢核的共振频率相等时，低能级的原子核就会吸收电磁波而跃迁到高能级，这就发生了核磁共振。在射频信号作用期间，系统在吸收能量，

磁化矢量 M_0 逐渐偏离磁场方向，两者的夹角为 90° 时，可获得幅度最大的测量信号。

（3）弛豫。当射频脉冲作用停止后，磁化矢量通过自由进动向 B_0 方向恢复，使原子核从高能态的非平衡状态，向低能态的平衡状态转变。把这种高能态的核不经过辐射而转变为低能态的过程叫弛豫。在弛豫过程中系统向外发射电磁波，用天线测量幅度按指数降低的射频信号。弛豫包含两个组成部分：核磁化矢量 M 在 z 轴上的分量 M_z，最终要趋向初始磁化强度 M_0，称为纵向弛豫，所用时间称为纵向弛豫时间 T_1；M 在 (x, y) 平面上的分量 M_{xy} 最终要趋向于零，称为横向弛豫，所用时间称为横向弛豫时间 T_2。在弛豫过程中测到的信号幅度为多个指数函数的叠加，从中可得到信号的初始幅度和与不同孔隙大小成比例的 T_2 分布。T_1、T_2 与储层参数和流体的性质有关。

📓 推荐书目

黄隆基.核测井原理［M］.东营：中国石油大学出版社，2008.

肖立志，等.核磁共振测井资料解释与应用导论［M］.北京：石油工业出版社，2001.

（黄隆基）

【地磁场核磁共振测井 nuclear magnetism log based on earth magnetic field】 以氢核在地磁场中的进动为基础的核磁共振测井方法。在地磁场核磁共振测井中，地磁场相对于测井探测范围是稳定的磁场。含氢地层在地磁场中早已充分磁化，实现了氢核磁矩的有序排列而生成核磁化矢量。但地磁场磁感应强度很低，能生成信号很微弱，难以测量。为提高信号幅度，在下井仪器中装一电磁铁，用大强度直流脉冲电流生成的强磁场，在垂直于地磁场的方向上对地层进行再磁化，得到与地层磁场垂直的强磁化矢量。当脉冲直流磁场停止后，氢核恢复在地磁场中的进动，这时测到一套自由感应衰减信号。这组信号的初始幅度反映自由流体所占的孔隙度，称为自由流体指数。改变脉冲电流的宽度则可改变磁化时间，从而改变自由衰减信号的初始幅度，由此可算出纵向弛豫时间 T_1。地磁场核磁共振测井共振频率低，探测深度较大，但地磁场强度因地区而异，井眼对测量影响大，测不到横向弛豫时间 T_2。

利用地磁场核磁共振测井能确定地层中自由流体孔隙度，提供与流体性质有关的参数，为确定饱和度提供依据。

（黄隆基）

【人工磁场核磁共振测井 nuclear magnetic log based on artificial magnetic field】 以氢原子核在人工磁场中的进动为基础的核磁共振测井方法。人工磁场核磁共振测井能在裸眼井中测量孔隙度、可动流体饱和度、束缚流体饱和度、渗透率，并研究孔隙分布。人工磁场有均匀磁场和梯度磁场之分，而梯度磁场又分为居中和偏心两种分布形式。

均匀磁场是把一组永磁铁置于井眼中靠井壁滑动，在离井壁一定距离的地层中激发出一个磁场相对均匀的区域，作为核磁共振的工作区。只在一小块岩石中激发和采集共振信号。这种方式分层能力好，但磁系复杂，对井眼条件要求高，对地层非均质性敏感。根据核磁共振成像原理，用梯度磁场代替均匀磁场，不仅能将工作区移到井眼外面的地层中去，还为径向多层测量（径向成像）奠定了基础。梯度磁场的磁感应强度由井轴向地层径向降低，氢原子核的共振频率也随之逐渐降低。改变射频信号的频率，就可选择在离井眼距离不同的壳层中激发和测量共振信号，并可同时在几个壳层中按设计模式分别完成磁化、共振和弛豫整个过程（见图）。

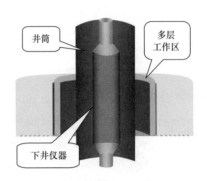

井筒

多层工作区

下井仪器

梯度磁场核磁共振测井示意图

在弛豫期间，散相过程使测量到的自由感应衰减信号幅度下降速度比 $1/T_2$ 要快。而利用能量守恒的散焦—聚焦过程测量自旋回波，可测到比较精确的 T_2。近代核磁共振测井仪器测得的原始数据是用 CPMG 脉冲序列测到的一组自旋回波串。核磁共振测井得到的所有参数都是从这组数列中提取出来的，包括回波的初始幅度、T_2、T_1 和扩散系数 D 等。

在有利条件下，根据 T_1 的差别，可将矿化水与油、气区分开；根据扩散系数的差别，可将天然气与矿化水、原油区分开；根据 D 和 T_1 对 T_2 分布的影响，可设计一种测量方法扩大天然气和原油、水产生信号的差别，把三者区分开。

人工磁场核磁共振测井是采用人工梯度磁场对氢核进行磁化，用射频脉冲的频率选定多个工作区进行并行测量；若在井眼周围使磁场按方位分布，用不同的射频频率选测不同的方位；采用先进的天线和脉冲回波技术及信噪比不同的回波串叠加、连接、优化技术，用多指数拟合确定 T_2 分布，扩大 T_2 分布的范围；用复杂孔隙分布模型，求取黏土束缚水、毛细管束缚水和可动水孔隙体积，求取孔径分布和渗透率，在有利条件下还可以分辨出油、气、水，并求取流体饱和度。

（黄隆基）

测井资料处理解释

【**测井资料处理解释** log data processing and Interpretation 】 根据电法测井、声波测井、核测井和其他测井方法测得的资料（曲线或数据），需要通过分析对比、处理和计算，以得到石油地质和石油工程所需要的定性和定量的结论。解释结论是测井工程作业的最终产品，为油气田勘探开发提供重要依据。

测井资料处理解释分为测井资料的预解释、测井资料的数字处理和测井资料的综合解释三个步骤。测井资料解释技术的发展经历了从定性解释到定量解释、从手工解释到数字处理解释、从模拟曲线资料解释到成像测井资料解释等阶段。

测井资料处理解释按三种情况分类：（1）按油气藏勘探开发阶段划分，分为探井测井处理解释和生产加密井测井解释；（2）按井的类型划分，分为裸眼井测井解释和套管井测井解释；（3）按井的数量划分，分为单井测井解释和多井测井解释。

测井资料处理解释成果的应用：（1）确定岩石成分和含量，黏土矿物成分和含量，储层的有效厚度、有效孔隙度、缝洞孔隙度、渗透率、含油饱和度等物性参数和地质参数，为识别油、气、水层及地层评价、计算储量提供基础数据；（2）根据对构造、断层、不整合性分析，对沉积相和地层压力异常分析，对有机碳含量分析等解释成果，为储层空间展布的分析提供依据；（3）估算地层流体压力、岩石破裂压力等参数，确定产层剩余油饱和度和油层水淹级别、油水井生产动态和井的技术状况等，为进行动态油藏描述、制定和调整油田开发方案、采取增产和修井措施、提高采收率等提供依据。

📓 推荐书目

《测井学》编写组 . 测井学［M］. 北京：石油工业出版社，1998.

（曹嘉猷　姜文达）

【测井资料处理解释软件 logging data processing and interpretation software】 使用计算机对测井资料进行处理、解释和图形显示的具有完整功能的程序包。是测井解释专家智能和解释经验的体现，它的应用减少了测井处理解释人员的工作强度，提高了测井资料处理解释水平，为油气田的勘探和开发带来巨大的效益。

起源与发展 1961年，斯伦贝谢公司开始使用计算机来处理和解释地层倾角资料，打开了计算机应用于测井领域的局面，处理解释软件随之发展起来。20世纪70—80年代，中国随着计算机和数控测井仪的引进、相继引进了一些单井处理程序，如POR、SAND和CRA等；国内胜利油田开发出泥质砂岩测井数据处理程序，一些油田单位和院校也相继开发出各种测井解释软件。90年代，随着UNIX工作站技术的发展，选定SUN工作站为测井数据处理硬件平台。从底层数据结构、多井数据管理等基础研究入手，由单井处理软件发展到多井解释评价系统。测井资料处理解释软件在结构上发展为包括数据加载及管理、数据预处理、测井信息处理解释、测井应用成果输出等多个组成部分的完整平台，目前的测井数据处理平台处于工作站（稳定可靠、多用户多任务同时作业）和微机（携带简便、处理灵活）并行阶段。

类型 测井处理解释软件有多种类型，引进的有斯伦贝谢公司的GeoFrame和Techlog、阿特拉斯公司（现贝克休斯公司）的eXpress、哈里伯顿公司的DPP和Petrosite、帕拉代姆公司的Geolog等，国产的有Forward、Watch、Forward.NET、SWAWS、Geologist、LEAD、CIFLog、LogVision等多种类型。

GeoFrame是斯伦贝谢公司研发的软件系统，运行于UNIX工作站上，与测井有关的主要是岩石物理分析（P包）和井眼地质处理与解释软件包（G包），具有数据库管理功能，可处理单井和多井资料，主要配套处理MAXIS-500系列测井资料，也可处理部分其他仪器系列的测井资料。Techlog软件是斯伦贝谢公司收购的Techsia公司开发的微机版岩石物理平台，不仅全面实现GeoFrame的测井处理解释功能，而且扩展了多种应用，增加或强化了多矿物、偶极横波、井筒成像、核磁共振、非常规油藏技术等处理解释模块。

eXpress是贝克休斯公司研发的测井分析处理软件系统，运行于UNIX工作站上，具有数据库管理功能，集裸眼井和套管井分析于一体，主要配套处理解释ECLIPS-5700测井所有资料，也具有处理解释其他仪器系列资料的能力。

DPP是哈里伯顿公司研发的测井资料工作站处理解释系统，集裸眼井和套管井分析于一体，主要配套处理EXCELL-2000系列测井资料。2003年推出LOGIQ成像测井平台系统后，该公司开发了微机版Petrosite测井处理软件，可以完成常规测井处理解释和核磁共振、阵列声波、电成像等测井资料处理，还提供了许多增强功能和实用工具。

Geolog 是帕拉代姆公司研发的测井数据处理和分析软件系统。可以运行在 Windows、Sun 或 SGI 平台上，具有灵活的数据库和强大的开发工具包，可以进行复杂地层、多井测井数据处理解释分析，主要特色是将地震、地质和测井相结合，图形处理功能丰富。

Forward、Watch 测井评价系统由中国石油天然气集团有限公司和中国石油大学（北京）研发，具有丰富的勘探开发测井解释模型和完善的测井地质应用分析工具。Forward.NET 是继 Forward 勘探测井解释平台和 Watch 生产测井解释平台成功推广应用后推出的新一代勘探开发一体化测井解释平台，具备单井解释、精细评价和储层分析一体化综合处理解释能力，提供了丰富的处理工具和裸眼井、套管井解释模型，能够处理成像测井、核磁共振、多极子阵列声波、阵列感应等各种特殊测井资料。

SWAWS 是中石化经纬有限公司胜利测井公司研发的工作站测井处理解释系统，集裸眼井和套管井测井资料处理解释于一体，Geologist 是该公司适应测井现场需要开发的微机处理系统，可完成裸眼井和套管井测井资料处理解释和水平井咨询等任务。

LEAD 是中国石油集团测井有限公司研发的运行在 Windows 平台上的测井处理解释统一软件系统。该软件具有单井（裸眼和套管）解释、多井评价功能，特点是网络化数据管理、开放式底层平台、集成化应用模块和可视化处理流程。

CIFLog 是中国石油勘探开发研究院联合国内多家单位共同开发的测井处理解释一体化软件平台，跨 Windows、Linux 和 Unix 三大操作系统运行，除具备常规测井资料处理解释能力外，还集成了元素俘获能谱、核磁共振、电成像、阵列声波、阵列感应等全系列裸眼测井、套管井解释和多井处理解释、横波远探测成像处理等功能。

LogVision 是北京吉奥特能源科技公司基于 Windows 研发的测井地质综合分析平台，可完成裸眼井、套管井和特殊测井项目的资料处理解释。

发展方向 从单机处理解释向网络共享综合综合应用、智能化服务发展，从单一测井处理解释向测井—控制一体化应用发展，由测井资料处理向测井—地震—地质联合等综合处理方向发展，油藏监测测井资料处理解释朝着整体监测、区域评价监测、剩余油监测、工程技术永久性监测方向发展。软件从分专业单个应用软件向平台化、网络化、勘探开发一体化综合处理应用软件发展。

推荐书目

《测井学》编写组.测井学［M］.北京：石油工业出版社，1998.

侯庆功，张晋言.测井资料采集与评价技术［M］.北京：中国石化出版社，2014.

（张福明　金　勇　姜文达）

【测井资料预处理 logging data pre-processing】 利用测井资料计算地质参数之前，为了消除各种非地质因素对测井资料的影响而对测井资料所做的一切处理或解释。主要包括深度校正、曲线拼接、数据编辑、环境校正和标准化等环节。

深度校正　也称深度匹配，是对多次下井得到的测井数据进行深度对齐，一般有人工校正、计算机相关分析自动校正等方法。

曲线拼接　相邻深度段（多开钻井）同一测井资料的深度衔接，形成覆盖研究层段的深度连续测井资料。

数据编辑　对测井曲线上个别深度点出现的明显不反映地层情况的畸变值进行修改。

环境校正　测井环境如井径、钻井液密度、钻井液侵入带、间隙等非地质因素，不可避免的要对各种测井曲线产生不同程度影响，通常需要利用理论图版或试验关系曲线对测井数据进行校正以消除影响，主要包括井眼校正、围岩—层厚校正和侵入校正等。

标准化　不同井中相同的测井曲线，可能因为测量时期、测井系列、操作方式、测量环境等诸多不同因素影响数据的一致性，不利于资料的对比和定量使用，因此，在多井数据处理解释或油藏描述之前，需要使用各井所在区域内普遍分布、岩性和电性稳定的标准层对测井结果进行标准化处理，常用的标准化方法包括二维直方图法、频率交会图法、多维直方图法、趋势面分析法和均值—方差法等。

（张福明）

【测井系列 well logging series】 针对不同的地层剖面、井眼条件和测井目的而确定的一套适用的组合测井方法。主要包括岩性测井系列、电阻率测井系列、孔隙度测井系列和一些必要的辅助测井方法。合理而完善的测井系列是保证测井解释结果准确可靠的重要前提，一个先进而完善的测井系列，原则上应适用于各类地质剖面，特别是考虑到下套管后某些资料将再也无法得到，因此在探井中使用的测井系列要比较齐全，条件允许时应尽可能多测一些内容。

（张福明）

【测井纵向分辨率 vertical resolution 】 测井仪器对地层的分辨能力，即它在纵向（沿井轴方向）上能够分辨不同性质地层的最小厚度。由于测井目的不同，不同测井仪器的纵向分辨率差别较大。例如双侧向测井仪纵向分辨率约为 0.6m，而电成像测井可达 0.5cm。

（张福明）

【测井探测深度 radial investigation depth 】 下井仪器的探测器在垂直于井轴方向（横向、井眼半径方向）上能够探测到的对测量结果有贡献的地层或井筒介质的最大深度。又称径向探测深度或探测半径。对于贴井壁测量的仪器，一般是指井壁附近一个环带的径向厚度；对于不贴井壁测量的探测器，一般认为仪器在井轴上且探测范围看成球状或圆柱状介质，达到一定贡献率的球体半径或圆柱半径即为探测深度。不同测井仪器的探测深度不同，例如常规的孔隙度测井系列探测深度一般在 0.1～0.3m，电阻率测井系列探测深度从几厘米到几米。

（张福明）

【测井周向分辨率 vertical resolution 】 测井仪器在沿井周方向上能够分辨井壁地层性质变化的最小扇形弧长。只有具备方位测量的仪器才具有周向分辨能力，通常指微电阻率成像仪器，这类仪器的分辨率一般为 0.5cm。

（张福明）

【测井解释储层参数 log interpretation of reservoir parameters 】 对测井资料进行处理解释，能够得到的反映地层性质的各种地质或物理参数。这些参数作为进一步给出油气层解释结论的主要依据。

（张福明）

【岩石骨架 rock matrix 】 岩石的碎屑颗粒和胶结物质。测井解释中一般指岩石中除泥质以外其他造岩矿物构成的岩石固体部分。

（张福明）

【泥质含量 shale content 】 泥质体积占岩石体积的百分数。测井中所指的泥质指颗粒很细的粉砂和湿黏土的混合物。泥质含量的大小对孔隙度、渗透率等物性参数有直接影响。泥质在岩石中主要以三种状态分布：

（1）分散泥质：分散地充填或粘结在岩石的孔隙空间，它不直接承受上覆岩层的压力，保存有较多的束缚水。分散泥质使岩石的有效孔隙度减小，且渗透率显著降低。

（2）层状泥质：泥质以薄层状或条带状存在于岩石中，它取代岩石的部分骨架颗粒及粒间孔隙，承受上覆岩层的压力。

（3）结构泥质：泥质以颗粒或结核的形式存在于岩石中，仅取代岩石骨架的一部分而不影响岩石的有效孔隙度。

（张福明）

【测井解释孔隙度 logging interpretation porosity 】 利用测井资料，基于岩石体积物理模型或统计建模等方法计算得到的储层孔隙度。

获取孔隙度主要有两种方法：实验室内直接测量法（主要有液体饱和法和气体注入法）和以各种测井方法为基础的间接测量法。测井中解释孔隙度时所用的测井方法主要包括声波测井、密度测井、中子孔隙度测井和核磁共振测井等。

对已知岩性和泥质含量较少的储层，按含水纯岩石的响应方程计算的孔隙度。若泥质含量较多的储层，要进行泥质校正；若是含轻质油或天然气的储层，还要进行油气校正。岩心分析资料丰富时，可以利用岩心刻度测井方法，建立孔隙度的统计计算模型。

总孔隙度：岩石中所有孔隙总体积占岩石体积的相对比例，也称绝对孔隙度。

有效孔隙度：岩石中相互连通的孔隙（有效孔隙）体积（包括含有可动流体的孔隙体积和含有不可动流体的孔隙体积）与岩石总体积之比。

基质孔隙度：基质孔隙体积占岩石体积的相对比例，也称原生孔隙度。

次生孔隙度：裂缝、溶洞等次生空间占岩石体积的相对比例，也称缝洞孔隙度。

（张福明）

【测井解释渗透率 logging interpretation permeability 】 利用测井资料，采用一些统计性关系式或经验公式确定的储层渗透率。主要是利用孔隙度、泥质含量和粒度中值等建立统计模型，或者通过阵列声波（斯通利波）、核磁共振测井等资料处理确定。

（张福明）

【测井解释饱和度 logging interpretation saturation 】 利用测井资料采用不同方法计算出的储层含油（气）饱和度。主要有电测井（电阻率）解释饱和度和核测井（中子寿命测井、碳氧比能谱测井、核磁共振测井等）解释饱和度等。

可根据勘探开发阶段的不同进一步区分为原始含油（气）饱和度、剩余油（气）饱和度、可动油（气）饱和度、残余油（气）饱和度等。

（张福明）

【油气层有效厚度 effective reservoir thickness 】 用测井曲线划分确定储层的顶、底界面后即得到储层的厚度。在油气储量计算所用的油气层有效厚度是指在当前经济技术条件下能够产出工业性油气流的油气层实际厚度，即符合油气层标准的储层厚度扣除不合标准的夹层剩下的厚度。

（张福明）

【储层物性 reservoir physical property 】 油气储层的物理性质。广义上包括储层岩石的骨架性质、孔隙度、渗透率、含流体性、热学性质、导电性、声学性、放射性及各种敏感性等。狭义概念上的储层物性主要指储层岩石储集流体和流体渗流能力的物理性质。测井解释中的岩石物性指孔隙度和渗透率。

（张福明）

【储层岩性识别 lithology identification of reservoir 】 应用测井资料确定储层的岩石类别。储层岩性识别是根据不同的岩石在测井曲线都有一定的形态和数值特征，确定储层岩石的类别，计算岩石主要矿物成分含量、泥质含量和黏土含量，并进一步确定泥质在岩石中的分布形式和黏土矿物成分。储层岩性识别为储层评价提供重要依据。

（张福明）

【有效储层下限 physical property lower limit values of effective reservoir 】 储层能够产出具有工业价值油气的最低孔隙度和最低渗透率。又称有效储层物性下限。是确定有效储层的解释标准，依此标准获得的储层厚度就是有效厚度。有效储层下限应以岩心分析资料和测井解释资料为基础，测试资料为依据，通过研究岩性、物性、电性与含油性的关系后确定，常用的方法包括测试分析法、含油产状法、相渗曲线法、最小孔喉半径法、累积频率法和经验统计法等。

（张福明）

【测井解释级别 levels of well logging interpretation results 】 综合利用测井等资料将储层解释结论划分为油层、气层、差油层、油水同层、气水同层、水层、干层、可疑油气层、含油水层和含气水层等不同等级。

（张福明）

【累计油气厚度 integrated hydrocarbon thickness 】 一口井从某一深度开始累计得到的纯油气厚度。

（张福明）

【累计孔隙厚度 integrated porosity thickness 】 一口井从某一深度开始累计得到

的纯有效孔隙厚度。例如，一个有效孔隙度为 25%、厚度为 4m 的地层，累计孔隙厚度为 1m。

（张福明）

【测井处理解释模型 log data processing and interpretation model】 在理论分析、实验研究和数据统计的基础上，根据解释井的地质特点及拥有的测井资料，建立反映测井信息与地质信息客观关系的测井解释模型。测井处理解释模型通常分为三种类型。

（1）岩石体积模型。测井解释中最常用的一种简化模型，它按岩石各种成分在物理性质上的差异分别累计其体积，使岩石总体积等于各部分之和。而岩石某一物理量是各部分相应的物理量之和，并导出测井解释响应方程。常用的模型有单矿物模型、双矿物模型和多矿物体积模型。在岩石体积模型中包含岩石骨架矿物、泥质和孔隙三部分，其相对体积之和为 1；岩石骨架可以是单矿物、双矿物和多矿物；孔隙中的流体包含油、气和水。通过数字处理，确定有效孔隙度、含水饱和度、矿物体积和泥质含量等地质参数。

（2）实验模型。在岩石物理实验室或使用测井模拟装置，在模拟地层状况条件下，开展测井参数与储层（产层）参数之间变化关系的实验，建立测井解释模型。广泛使用的阿尔奇公式是 1942 年由阿尔奇针对高孔隙度、含水纯砂岩，在实验基础上得到的地层电阻率与地层孔隙度、饱和度之间的关系。

（3）地区经验解释模型。采用数理统计方法将某一地区的岩心分析数据、试油等实际数据直接同测井信息建立关系，得到地区统计解释模型。

（冯启宁　曹嘉猷　欧阳健）

【岩石体积物理模型 physical model of bulk-volume rock】 根据测井方法的探测特性和岩石中各种物质在物理性质上的差异，按体积把实际岩石简化为性质均匀的几个部分，分别研究每一部分对岩石宏观物理量的贡献，并把岩石的宏观物理量看成是各部分贡献之和。模型有两个要点：一是物质平衡原理，即岩石体积等于划分后各部分体积之和；二是岩石宏观物理量等于各部分宏观物理量之和，当用单位体积物理量（一般就是测得的测井参数）表示时，岩石单位体积物理量就等于各部分相对体积与其单位体积物理量乘积的总和。

由测井方法原理可知，许多测井结果实际上都可以看成是仪器探测范围内岩石物质的某种物理量的平均值，利用岩石体积物理模型可以导出测井的响应方程，并根据响应方程进行储层地质参数解释。

常用的岩石体积物理模型包括含水（或含油气）纯砂岩模型、含水（或含油气）泥质砂岩模型等（见图）。

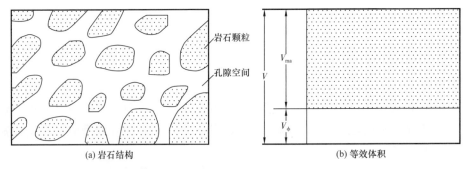

(a) 岩石结构　　　　　　　　　　　　　　　　　(b) 等效体积

含水纯岩石体积模型

📝 推荐书目

雍世和，张超谟，等.测井数据处理与综合解释［M］.东营：中国石油大学出版社，
2006.

侯庆功，张晋言.测井资料采集与评价技术［M］.北京：中国石化出版社，2014.

（张福明）

【测井响应方程 log response equation】　根据岩石体积物理模型，可将地层岩石
分成物理性质不同的几个部分，将各种测井方法测量得到的物理参数表示为这
几部分物理参数的加权和而得到的方程。各部分的加权系数即为其在岩石中所
占的相对体积。地层岩石一般划分为岩石骨架（单矿物或多矿物）、孔隙（流
体）、泥质等几个组成部分，以线性组合公式表示这些组分对声波时差、密度、
中子孔隙度等测井值的贡献。

（张福明）

【物质平衡方程 material balance equation】　岩石体积物理模型中划分的岩石各组
成部分相对体积之和为 1 的方程。

（张福明）

【纯砂岩模型 clean sandstone model】　把岩石看作由骨架和有效孔隙两部分组成
的模型。应用于不含泥质或泥质含量很少（泥质含量小于 5%）的砂岩。又称纯
岩石模型。

（张福明）

【泥质砂岩模型 shaly sandstone model】　考虑了泥质含量对测井参数的影响，使
测井响应方程能同时适用于纯砂岩和泥质砂岩而建立的简化地层模型。泥质砂
岩模型认为岩石由骨架、泥质和有效孔隙三部分组成。

（张福明）

【探井测井处理解释建模 processing and interpretation modeling for exploration well logging】 在理论分析、试验研究和数据统计基础上，根据解释井的地质特点及拥有的测井资料，建立测井与地质信息关系的测井解释方程（建模）。通常根据岩石体积模型、岩石物理试验模拟地层状况和地区解释经验建立解释模型。所建解释模型主要应用于定量确定孔隙度、渗透率、饱和度、矿物体积和泥质含量等储层参数。

（张福明）

【阿尔奇公式 Archie's formula】 阿尔奇于 1942 年针对具有粒间孔隙的纯砂岩，建立的地层因素 F 与有效孔隙度关系、地层电阻率指数 I 与含水饱和度关系的两个实验关系式：

$$F=R_0/R_w=a/\phi^m$$

$$I=R_t/R_0=b/S_w^n$$

式中：R_0、R_w、R_t 分别为 100% 饱和地层水时的岩石电阻率、地层水电阻率和地层真电阻率，$\Omega \cdot m$；ϕ 为岩石有效孔隙度，小数；S_w 为岩石含水饱和度；a、b 为与岩性有关的系数；m 为胶结指数；n 为饱和度指数。a、b、m、n 这几个参数通常根据岩石物理实验获取。

（张福明）

【地层因素 formation factor】 岩石完全含水时的电阻率 R_0 与该岩石孔隙中地层水电阻率 R_w 的比值，用 F 表示。一般由孔隙度测井资料求取。

（张福明）

【电阻率指数 resistivity index】 含油气的岩石电阻率 R_t，与该岩石 100% 为地层水所饱和时的电阻率 R_0 之比，用 I 表示。又称电阻增大系数。由电阻率测井资料求得，是测井资料处理解释中常用的参数。

（张福明）

【岩性模型 lithology model】 岩石骨架矿物成分的简化矿物模型。分为以下三种。
（1）单矿物模型：岩石矿物只有石英。
（2）双矿物模型：由石英、方解石、白云石、硬石膏等任意两种矿物组成的岩石。
（3）多矿物模型：由三种以上矿物组成的岩石。

（张福明）

【标准四矿物法 typical four mineral option】 测井解释中采用双矿物岩性模型

时选择矿物对的一种方法。把常见的石英、方解石、白云石、硬石膏四种矿物（标准四矿物），按地质上常见的组合，依次组成石英—方解石、方解石—白云石、白云石—硬石膏三个矿物对。

（张福明）

【指定双矿物法 designated two-mineral option】 测井解释中采用双矿物岩性模型时选择矿物对的一种方法。就是根据地质情况或解释人员的判断，指定任何两种矿物组成矿物对。

（张福明）

【韦克斯曼—史密斯模型 Waxman–Smith model】 1968 年，Waxman 和 Smith 二人试验研究依据泥质砂岩阳离子交换容量建立的电导率解释模型。模型认为泥质砂岩的导电性是地层水与阳离子交换容量 Q_v 的并联，其方程式为：

$$C_t = S_{wt}^n / F^* \cdot (C_w + BQ_v / S_{wt})$$

式中：C_t、C_w 分别为含油气泥质砂岩、地层水电导率；S_{wt} 为总含水饱和度；B 为阳离子交换等效电导率；BQ_v / S_w 为阳离子交换产生附加电导率；n 为岩石不含黏土的饱和度指数；F^* 为泥质砂岩的地层因素。

该模型结合岩心分析和测井资料用于各种矿化度地层水的测井解释。

（张福明）

【双水模型 dual water model】 1977 年，Clavier 等在韦克斯曼—史密斯模型的基础上，依据试验研究提出泥质砂岩具有黏土水和自由水两种水导电的解释模型（见图）。是为了计算泥质砂岩的含水饱和度而采用的一种简化地层模型。认为岩石由颗粒和总孔隙体积两部分组成。最初用于泥质砂岩，后来也用于复杂岩性。

含泥质地层的双水模型

该模型把紧贴孔隙表面的水叫黏土水（又叫"近水"），离孔隙表面较远的水为自由水（又叫"远水"），岩石的总孔隙体积是指岩石中黏土水、自由水和油气的总体积，岩石颗粒部分由干黏土及矿物骨架构成。

认为地层的导电能力完全取决于自由水和黏土水，颗粒部分不导电。黏土水中阳离子交换导电和自由水中离子导电具有同样的路径，泥质砂岩导电性是黏土水和自由水并联导电的结果。其方程式为：

$$C_{we}=C_w+BQ_v/S_{wt}$$

式中：C_{we} 为含油气泥质砂岩等效电导率；C_w 为地层水电导率；S_{wt} 为总含水饱和度；BQ_v/S_{wt} 为阳离子交换产生附加电导率；B 为阳离子交换等效电导率；Q_v 为阳离子交换容量。

（张福明）

【岩心刻度测井 core-calibrated log】 在考虑地质参数与测井物理量之间的本质关系基础上，应用数理统计方法建立测井资料和岩心分析资料之间的统计关系模型，然后应用这些模型进行测井资料计算机处理和储层地质参数定量解释。

这类方法的基础是岩心分析资料的数量和质量。岩心资料越丰富，越具有代表性，所作的分析化验项目越齐全、这类方法越可靠。涉及的主要工作包括岩心深度归位、纵向分辨率匹配、数据滤波、标准化处理、相关性分析及统计模型建立等。用于油田储量计算、测井定量解释、沉积相研究等方面。

📝 推荐书目

雍世和，张超谟，等．测井数据处理与综合解释［M］．东营：中国石油大学出版社，2006.

欧阳健，王贵文，等．测井地质分析与油气层定量评价［M］．北京：石油工业出版社，1999.

（张福明）

【测井资料综合解释 comprehensive log interpretation】 以多种测井方法获得的测井资料为主，结合钻井、井壁取心、地质录井、地层测试和生产测井等其他资料进行综合分析，得到测井地质解释和地层评价结果。

测井资料综合解释包括地层的岩性解释、地层的物性解释、油气水层解释和地质构造解释等；油田投入开发后包括水淹层和剩余油饱和度解释、油井产出和注入剖面解释；对钻井和采油工程中的固井质量、套管破损、酸化和压裂施工效果解释等。

（张福明）

【测井解释工作站 workstation for log data processing and interpretation】 用于测井工程作业现场资料采集与测井资料处理解释的计算机工作站或工作站系统。

测井解释工作站是采用超大规模集成电路、精简指令系统（即 RISC 技术）、计算机图形技术及 UNIX 为核心的开放式系统结构等技术的数字处理系统。具有运算处理速度快、存储容量大、图形功能强、人机交互功能、通信和异机联网功能以及对使用环境要求低且安全性高等显著特点。室内测井解释计算中心（计算站）可形成局域网、完整的测井数据处理与解释的系统，配置常规的硬件、软件及测井专用软件。

（曹嘉猷　张福明）

【测井储层评价 logging resevoir evaluation】 应用测井处理解释资料确定储层参数，对储层性质进行综合评价。测井储层评价包括单井和多井评价。单井评价主要是划分储层有效厚度，评价岩性、物性、含油性和产能；多井评价主要是对全油藏或区块测井资料进行标准化和地层对比、建立参数转换关系、测井相分析与沉积相研究、单井储层精细评价、储层纵横向展布与参数空间分布及油气地质储量计算等。测井储层评价为油气勘探或油藏描述提供重要依据。

📝 推荐书目

雍世和，张超谟，等．测井数据处理与综合解释［M］．东营：中国石油大学出版社，
2006.

（张福明）

【测井单井处理解释 single well log data processing and interpretation】 针对一口井的各种测井资料进行处理，并参考取心、地质录井及本井区的试油、测试等资料进行综合解释和评价。

测井资料的处理包括测井资料的质量检查与校正、解释程序与解释参数的选择以及资料处理等。依据处理结果，测井单井解释包括储层地质参数、油气层解释结论、地质特征、地层产状、地层力学参数、固井质量评价等内容，并以各种成果图件、成果表和解释报告等形式给出测井解释成果。

（张福明　曹嘉猷）

【测井多井处理解释 multi well log data processing and interpretation】 在具有多口探井的一个区域内，在关键井测井解释基础上运用多口井的测井解释成果，确定储层参数，对勘探区块的油气分布规律进行描述，提高油气层分析的精度和储量计算的可靠性。主要包括关键井测井分析、单井处理解释、多井测井资料处理（包括地层对比、测井资料标准化、建立区域解释标准、多井数据统计

分析等）与评价等内容，并编制多井测井解释总结报告、提供相应的成果图和成果表。

（张福明　曹嘉猷）

【测井精细解释 fine log interpretation 】 对测井资料进行的再评价。既是测井多井处理解释的预研究，也是老井复查的主要方法，以期达到提高油气层评价成功率，并为精确计算储量和剩余开采储量提供依据。主要工作包括：进行岩石物理实验，确定解释模型所需要的参数；将岩心分析和测井地质参数进行分析对比（见岩心刻度测井），研究出新的解释方法；结合新井测井资料，对测井老资料进行再评价，提高解释精度，发现漏失的油气层等。

（曹嘉猷　张福明）

【油气层测井解释 hydrocarbon zone logging interpretation 】 根据测井获得的物理信息，如电磁学、声学、核物理学等物理特性，对钻遇地层作出油层、气层、水层等类别的解释结论，对于裂缝性储层则需划分裂缝、孔洞发育段和定量描述等。

根据地质特点，选择合适的处理解释软件对测井资料进行处理，计算油气层物性参数和地质参数，并绘成包括地层体积分析（如有效孔隙度、黏土和骨架含量）、孔隙度分析、油气分析（如含水饱和度、束缚水饱和度）、地层特征（如骨架密度、渗透率、泥质含量、次生孔隙率等）分析等项成果图，用于储层评价。

根据测井曲线特征和数据处理结果，结合地质资料，对储层进行地层评价和油、气、水层综合解释。根据测井资料，结合取心、录井等资料，分析岩性、物性和含油性，参考邻井相应层段测井、试油资料，进行油气水层综合分析，确定含油（含水）饱和度，划分储层级别。孔隙性储层分为油层、油水同层、气层、差油层、气水同层、含油水层、含气水层、水层、干层、可能油气层等。致密砂岩、碳酸盐岩、火成岩等复杂岩性储层的解释，应先确定储层类型再进行油气水层评价，储层常划分为Ⅰ、Ⅱ、Ⅲ级等不同级别。

油气层解释的基本方法包括含油饱和度分析法、可动水分析法、可动油分析法、径向电阻率分析法、深度—压力剖面分析法和阵列（多极子）声波测井成果分析法、核磁共振测井成果分析法等。

（张福明）

【气层测井解释 gas-bearing bed logging interpretation 】 根据天然气层测井响应特征进行测井资料处理解释，得到气层解释结论。天然气储层的孔隙度、渗透率等物性参数的下限值低，普遍亲水，录井油气显示级别低；测井响应上具有密度低、含氢指数低、声波传播速度慢、电阻率高等特性。以上这些特征导致天然气层的测井解释具有一些特殊性。

常用的解释方法有中子、密度或声波测井计算孔隙度重叠法，电阻率法，声阻抗比值法，纵波等效弹性模量法，补偿中子或中子伽马时间推移测井法，核磁共振测井的差谱法和移谱法，阵列（多极子）声波测井法，压力梯度法等。

📓 推荐书目

曹嘉猷，等.测井资料综合解释［M］.北京：石油工业出版社，2002.

（张福明　曹嘉猷）

【测井资料地质解释 geologic interpretation for logging data】 根据测井资料的分析和处理，结合地质、地震、录井等资料，对区块地质相关问题进行描述和解释。测井资料地质解释主要应用于层序地层学分析、地质构造解释、沉积环境解释、地层力学参数确定、生油层及盖层分析评价。测井资料地质解释拓展了测井资料的应用范围，成像测井等特殊资料更以其分辨率高、图像直观等特点扩展了地质解释的内容，提高了地质解释的精度。

（曹嘉猷　张福明）

【测井追踪解释 log tracking interpretation】 对测井资料重新处理、解释。根据试油资料与测井解释结论分析，对下列情况要进行测井资料的重新处理和解释：（1）试油结论可靠、固井质量良好的情况下，测井解释与试油结论明显不符；（2）根据邻井试油或相邻区块试油资料推断，原来的解释结论偏差大；（3）测井计算的孔隙度、渗透率、含油饱和度、泥质含量等参数与岩心分析资料有明显差异；（4）岩心分析资料确定的岩电参数与测井资料处理输入参数有明显差别。

测井资料重新处理、解释时要详细分析区域上的试油资料，尤其是试油层的产量、原油的性质、地层水类型和矿化度；要选择分布广泛、稳定、岩性变化较小的地层作为标准层，利用统计分析方法进行测井资料标准化；要应用交会图技术分析岩心、试油资料与测井资料之间的关系，修改或重建测井解释方程或模型，重新确定油气水层解释结论。

（曹嘉猷　张福明）

【水平井大斜度井测井解释 logging interpretation for horizontal well or high angle well】 对水平井大斜度井测井后，对其测井资料所进行的处理解释。在直井测井中储层被视为水平均匀和各向同性，测井下井仪器的设计是基于以井轴为对称的梯度场，而对大斜度井和水平井来说储层水平均匀和各向同性已经改变，测井解释需考虑井眼形状、钻井液侵入状况、仪器测量位置、地层各向异性、地层界面倾斜方向等因素的影响。

解释目标：在随钻测井阶段在钻井进入靶点之前准确预测目的层位置及地层走向，正确指导钻井中靶及钻井方向；在水平井完钻后详细描述井眼轨迹与油藏的关系，优化完井方案进而评价水平井段有效储层钻遇率及各段地层对开发效果的贡献，为提高注采效果、实施改良措施提供依据；在多井综合解释阶段，根据直井和水平井单井解释结果及相互关系对油藏进行精细描述，为进一步研究剩余油的分布、设计调整井提供基础数据。

（张福明　曹嘉猷）

【随钻测井解释 interpretation of logging while drilling 】 应用随钻测井解释之前应该进行必要的曲线平滑滤波、环境影响校正及垂深校正等预处理工作；随钻测井解释主要包含两个大的方面：一是地层评价及地质应用，包括地层岩性、地层物性参数和地层含油气性的随钻测井解释等；二是钻井等工程应用，包括大斜度井—水平井钻井的地质导向、沿井眼轨迹的测井曲线回放、井眼轨迹与地层关系的分析、地层压力解释与井壁稳定性评价等。

（张福明）

【非常规油气测井解释 logging interpretation for unconventional hydrocarbon 】 用测井资料对致密砂岩油气、页岩油气、超重（稠）油、煤层气、水溶气、天然气水合物，以及储存在沥青砂岩、油砂岩等岩石中的，在目前技术条件下不能直接采出或不具采出价值的油气资源进行的解释评价。测井解释内容除孔隙度、渗透率、饱和度等参数外，还包括黏土含量及黏土类型、干酪根和有机碳含量、吸附气和游离气含量、岩石可压裂性、裂缝发育特征、黏土矿物敏感性分析等。

这类油气资源统称为非常规油气，其基本特点是低孔低渗、岩性矿物组成复杂、储层非均质性及各向异性强、自然产能偏低、需生产改造等，在测井上表现为响应特征复杂、油气显示弱、资料处理及解释困难。对这类储层比较有效的测井方法包括地层倾角测井、微电阻率扫描测井、偶极及多极阵列声波测井、核磁共振测井和地层元素俘获测井等。

（张福明）

【气测井解释 gas/mud logging interpretation 】 利用钻井过程中测得的全烃、烃组分、非烃组分含量曲线，定性判断油、气、水层。一般特点是：油层总烃曲线很高，烃组分主要是甲烷和重烃类且重烃含量高，非烃组分很少；气层是总烃含量很高，烃组分中甲烷含量极高，重烃含量低，非烃类组分极少；含油气的水层可能各种烃组分均有一定值，但都明显低于油层、气层，与油气层最突出的差别则是其非烃组分含量较高；纯水层在气测曲线上无显示。

（张福明）

【时间推移测井 time-lapse logging 】 在同一口井不同时间（相隔数日至数年）使用同一种测井方法进行两次或多次测井，研究储层的侵入特性、储层或产层参数变化、井筒中流体及井筒技术状况变化等。时间推移测井资料为评价钻井液的质量，为认识油藏水驱、汽驱开发状况，采取增产和修井措施，调整开发方案提供重要的依据。

（张福明）

【裂缝测井解释 fracture logging interpretation 】 利用测井资料对地层中存在的天然裂缝进行的定性识别或定量评价。定性识别主要是利用测井响应特征识别裂缝发育层段，定量解释则是计算描述裂缝的定量参数。

　　裂缝的定性识别主要基于测井响应特征。常规测井上的一般响应特征：微电阻率低值、双侧向呈现正差异（高角度缝）或负差异（低角度缝），声波时差增大或出现周波跳跃现象，密度曲线低值，中子孔隙度测井值偏大，自然伽马能谱测井的铀含量可能增大、钍和钾含量降低，井径曲线值增大或多井径曲线出现椭圆井眼等；在特殊测井资料上的特征：电阻率成像上天然裂缝显示正弦或余弦条带特征（一般暗色代表张开缝、亮色代表闭合缝）、诱导缝呈 180° 对称的雁状排列或双轨特征，多极子或阵列声波测井处理结果显示斯通利波能量显著衰减、横波分裂（快、慢横波）等，地层倾角资料处理得到的矢量图显示杂乱或有孤立的高倾角、多井径重叠显示椭圆井眼以及采用微电阻率曲线重叠、电导率异常检测等方式指示可能的裂缝发育段。其中以电成像识别效果最好。

　　裂缝定量解释的参数主要包括：裂缝产状（倾角、倾向）、裂缝开度（宽度）、裂缝孔隙度（面孔率）、裂缝密度（线密度）和裂缝长度等。这些参数主要利用电成像测井处理得到，常规测井中双侧向测井可以用来估算裂缝开度和裂缝孔隙度等。

（张福明）

【测井快速直观解释 fast and intuitive well logging interpretation 】 根据纯岩石解释模型通过识别曲线幅度差异或曲线交会图特征来评价地层岩性、含油气、可动油气和可动水等的解释技术及显示方法。

（张福明）

【低侵现象 decreased resistance invasion phenomenon 】 侵入带电阻率低于原状地层电阻率的径向侵入现象。又称减阻侵入。这一现象一般通过不同径向探测深度的多条电阻率测井曲线幅度对比判断（呈正幅度差），通常用于淡水钻井液井中判断油气层。图中气层、油层显示为典型低侵现象。

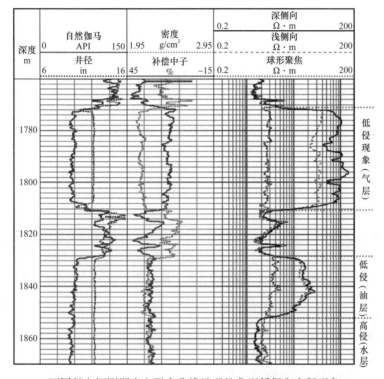

不同径向探测深度电阻率曲线呈现的典型低侵和高侵现象

（张福明）

【高侵现象 increased resistance invasion phenomenon】 侵入带电阻率高于原状地层电阻率的径向侵入现象。又称增阻侵入。这一现象一般通过不同径向探测深度的多条电阻率测井曲线幅度对比判断（呈负幅度差），通常用于淡水钻井液井中判断水层。

（张福明）

【低阻环带 low resistivity annulus】 钻井液侵入渗透性地层岩石，造成井眼附近径向上不同环带的地层电阻率发生变化，当某个范围的环带地层电阻率既低于深处未受钻井液影响的原状地层电阻率，又低于最浅处井壁附近地层电阻率时的环带。可利用高频感应测井或阵列感应测井等判断这一现象，主要用于指示高矿化度地层水富集带和地层可动油气的存在。

（张福明）

【油气层快速直观解释 fast and intuitive log interpretation of hydrocarbon zone 】 根据纯岩石解释模型的基本理论，通过识别曲线幅度差异或曲线交会图特征而形成的快速直观评价地层岩性、孔隙度和含油性等的解释技术及显示方法。最常用的是曲线重叠法和交会图法两类图件。常用的曲线重叠图主要包括径向电阻率曲线重叠、微电极曲线重叠、中子—密度曲线重叠、三孔隙度重叠（可动油法）、含水饱和度—束缚水饱和度重叠（可动水法）等。常用的交会图主要包括三孔隙度曲线交会图（中子—密度、中子—声波时差和密度—声波时差等）、M—N交会图、骨架识别图（MID图）和电阻率—孔隙度交会图等。

✎ 推荐书目

　雍世和，张超谟，等.测井数据处理与综合解释［M］.东营：中国石油大学出版社，
　2006.

（曹嘉猷　张福明）

【曲线重叠法 curve overlapping technique 】 将原始曲线或计算的参数曲线采用统一量纲、统一横向比例和统一绘图基线，将这些曲线重叠，按曲线幅度差进行地层评价的方法。属于快速直观解释技术，常用于岩性、含油性解释。

（张福明）

【交会图法 crossplot technique 】 利用原始或计算的测井参数或者其他参数（如岩心、测试、生产数据等）建立的二维或三维关系图形，根据图中交会点或点群（层段）的分布或其与标准（理论）解释图版的对比关系解决地层评价中各种问题的方法。在测井解释与数据处理中，常用来检查测井曲线质量、进行曲线校正、鉴别地层矿物成分、确定地层的岩性组合、分析孔隙流体性质、选择解释模型和解释参数、计算地层的地质参数、检验解释成果及评价地层等，用途十分广泛。

　双孔隙度交会图　利用常规孔隙度系列测井资料建立的交会图，用于解决孔隙度计算、判断岩性组合趋势、检查测井质量等（见图1）。所用测井资料包括地层密度、声波时差、中子孔隙度（井壁中子、补偿中子）等。

　频率交会图　将交会图坐标平面等分为若干个网格（单位网格），在绘图井段内统计落入某一网格中的采样点数目（即频率数）并打印在该网格上的一种直观统计数字图形（频率数可用数字或颜色表示），简称频率图。

　Z值图　在频率交会图基础上引入第三条曲线Z（称Z曲线），从而由三种相互独立的测井数据所做出的平面交会图。其中Z参数用数字或颜色表示，代表同一井段的频率图上、每个单位网格中响应采样点的Z曲线平均级别。常与频率交会图配合使用，主要用于识别岩性、检验井径变化对测井的影响等。

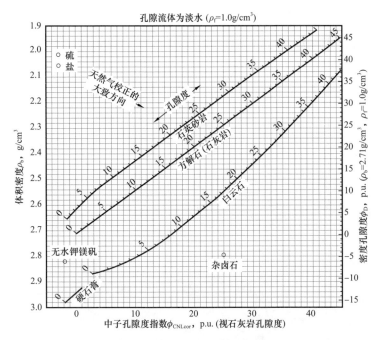

图 1　密度测井—中子测井确定岩性和孔隙度的交会图

M—N 交会图　由 M、N 值作为直角坐标轴形成的交会图。单矿物的任何孔隙度岩层只由一个点反映出来，主要用于判断岩性和选择岩性模型，也可以用于判断地层是否含有泥质、天然气和次生孔隙等（见图 2）。由声波时差 Δt、密度 ρ_b、中子孔隙度 ϕ_N 定义并计算 M、N：

$$M \equiv \frac{\Delta t_f - \Delta t_{ma}}{\rho_{ma} - \rho_f} \times 0.01 = \frac{\Delta t_f - \Delta t}{\rho_b - \rho_f} \times 0.01$$

$$N \equiv \frac{\phi_{Nf} - \phi_{Nma}}{\rho_{ma} - \rho_f} = \frac{\phi_{Nf} - \phi_N}{\rho_b - \rho_f}$$

式中 0.01 是为使 M 与 N 大小相当而添加的调节系数，当 Δt 采用英制单位时用 0.01、公制单位时用 0.003；公式的前半部分是定义式，后半部分用于由测井资料计算 M 和 N。图 2 为一种 $M—N$ 交会图理论图版。

电阻率—孔隙度交会图　以电阻率 R_t 和孔隙度 ϕ（或声波时差、密度、中子等孔隙度测井资料）分别作为纵轴和横轴构建的用于直观区分油（气）、水层的交会图。其理论基础是阿尔奇公式，是该公式的一种图解形式。通常有两种坐标系形式：一是以 R_t 为纵轴、ϕ 为横轴的特殊坐标系交会图，也称 Hingle交会图；二是以 R_t、ϕ 的对数值作为纵轴和横轴的双对数坐标系交会图，也称

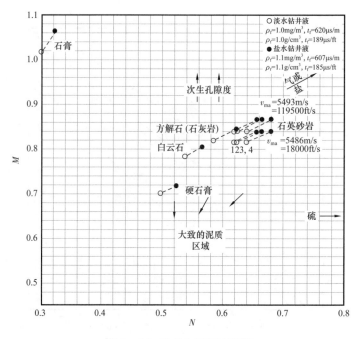

图2　M—N交会图理论图版

Pickett 交会图。主要用途是根据实际储层取值后交会点在图中的分布位置，将储层划分为油（气）层、水层、油水同层、干层等，也可用于确定地层水电阻率、骨架参数、含水饱和度等。

（张福明）

【油层最小电阻率法 minimum oil zone resistivity technique 】　根据储层的电阻率是否大于油层最小电阻率，判断是否为油（气）层的解释方法。对于某一地区特定的解释层段，如果储层的岩性、物性、地层水矿化度相对稳定时，可用此方法。

📖 推荐书目

　　丁次乾.矿场地球物理［M］.东营：中国石油大学出版社，2008.

（张福明）

【视地层水电阻率法 apparent formation water resistivity technique 】　用视地层水电阻率 R_{wa} 显示地层含油气性的方法，即根据 R_{wa} 和地层水电阻率 R_{w} 的重叠图快速直观显示水层和油气层。R_{wa} 定义为深探测电阻率与地层因素 F 的比值，由深探测电阻率与孔隙度曲线组合求得。

（张福明）

【**可动水法 movable water plot technique**】 用地层含水饱和度 S_w 与地层束缚水饱和度 S_{wi} 两条曲线重叠快速直观显示油层可动水的解释方法。在水层呈现为 $S_w \gg S_{wi}$，S_w 较高；油气层 $S_w \approx S_{wi}$，S_w 较低。

（张福明）

【**可动油法 movable oil plot technique**】 用地层有效孔隙度 ϕ、冲洗带含水孔隙度 ϕ_{xo}、原状地层含水孔隙度 ϕ_w 三条曲线重叠，根据曲线之间的差异快速直观显示油层可动油的解释方法。又称三孔隙度重叠法。$\phi-\phi_w$ 表示含油气孔隙度（相对体积），$\phi_{xo}-\phi_w$ 表示可动油气孔隙度（相对体积），$\phi-\phi_{xo}$ 表示残余油气孔隙度（相对体积）。

（张福明）

【**套管井测井解释 casing well logging interpretation**】 为了提供油水井生产动态、剩余油分布和井的技术状况等，以及为进行动态油藏描述，制定和调整油田开发方案、采取增产和修井措施、提高采收率等提供依据，对套管井测井资料进行的处理与解释。

套管井测井解释主要包括注入剖面测井解释（注水剖面测井解释、注汽剖面测井解释、注聚合物剖面测井解释）、产出剖面测井解释、套管井剩余油饱和度测井解释、固井质量检查测井解释和射孔孔眼—套管损坏检查测井解释等。

在 20 世纪 50—60 年代中国已开始了套管井测井解释，进入 80—90 年代，随着套管井测井的发展，使用了组合型测井下井仪器或几种测井方法，使套管井测井解释向综合型发展，解释方法也日趋完善。

（张福明）

【**注入剖面测井解释 log interpretation for injection profile**】 对注水、注蒸汽、注聚合物等不同注入剖面的测井资料进行处理解释，以确定注入水、蒸汽、聚合物等流体的去向和注入量，了解油气田开发动向。此外也有注 CO_2、注 N_2 等剖面，其中注水剖面在我国较为常见。

通过对井温、流量、同位素示踪等测井资料的处理分析，可定性判断注入（吸入）层段及注入强度，定量计算分层段或分小层的相对注水量和绝对注水量等。

📝 推荐书目

《油气田开发测井技术与应用》编写组.油气田开发测井技术与应用［M］.北京：石油工业出版社，1995.

姜文达.放射性同位素示踪注水剖面测井［M］.北京：石油工业出版社，1997.

（姜文达　张福明）

【**产出剖面测井解释** log interpretation for production profile 】 对产出剖面测井资料进行定性和定量解释，求得分层段或分小层的油、气、水相对产出量和绝对产出量。

根据生产井是油、气、水的单相流、两相流（油水或气液）或三相流生产的状况，和它们在井下的流态和流型来确定产出剖面测井解释方法，分为定性解释和定量解释。定性解释主要是利用（梯度）井温测井曲线的异常值及其大小定性指示产出流体的多少和产层底界深度；定量解释则需要区分单相流或多相流，多相流还需要针对油水两相、气液两相、油气水三相等情况采用不同的计算方式，利用流量、井温、压力、流体识别（持水率、密度）等生产测井资料，采用漂流模型、滑脱模型、均匀模型等解释模型或实验解释图版（持水率与流量关系曲线）等计算得到地层流体的相对或绝对产出量。

📝 推荐书目

郭海敏. 生产测井导论［M］. 北京：石油工业出版社，2003.

侯庆功，张晋言. 测井资料采集与评价技术［M］. 北京：中国石化出版社，2014.

（姜文达　张福明）

【**套管井剩余油饱和度测井解释** log interpretation for saturation of remaining oil in cased hole 】 对套管井剩余油饱和度测井资料进行处理和解释，其解释资料为油田开发方案的调整，进行二次采油、三次采油以及对油井进行增产措施等提供依据。

采用的测井资料包括碳氧比测井、中子寿命测井、中子伽马注钆测—渗—测、氯能谱测井、流体识别（持水率）测井、过套管电阻率测井以及各种过套管地层参数测井（如 PNN、RMT、RPM、RST、PND-S）等，根据不同资料有不同的计算方法。

（张福明　姜文达）

【**工程测井解释** engineering logging interpretation 】 根据工程测井资料判断钻井、开采过程中油水井工程的问题。工程测井解释的目的是了解井下管柱深度、检查固井质量、评价套管工程技术状况等。解释内容包括管柱深度、套管损坏（变形、破裂、错断和漏失）、井径变化、套管腐蚀及补贴效果、射孔质量、固井质量、管外窜槽位置、压裂酸化及封堵效果、出砂层位检测等。

跟固井质量评价有关的测井资料包括井温测井、套管接箍定位测井（CCL）、声幅变密度测井（CBL-VDL）、扇区水泥胶结测井（SBT）、声脉冲发射测井（CET、PET、CBET、Isolation scanner）、套后超声成像测井等，跟套管技术状况评价有关的测井资料包括多臂井径测井、微井径仪测井、电磁探伤与电磁测厚测井、声波井下电视成像测井、声波立体扫描测井、超声波成像测井和噪声测井等。

📝 推荐书目

孙建孟.油田开发测井［M］.东营：中国石油大学出版社，2007.

侯庆功，张晋言.测井资料采集与评价技术［M］.北京：中国石化出版社，2014.

（张福明）

【固井质量检查测井解释 cementing quality logging interpretation】 利用固井质量检查测井资料，在固井后对套管本体强度及螺纹密封、套管下深、水泥返高与胶结质量、管外窜槽或环空密封情况等进行的全面鉴定过程。以定性评价为主，也可以转换为水泥胶结强度、胶结比等定量参数。固井质量一般分为优、中等（合格）、差（不合格）三个等级。解释结果为制定射孔方案、修井（如封堵窜槽）及其施工效果和油井报废等提供依据。

检查套管外固井水泥返高和水泥胶结质量好坏的系列测井统称为固井质量检查测井。测井方法主要包括井温测井、套管接箍定位测井（CCL）、声幅变密度测井（CBL-VDL）、扇区水泥胶结测井（SBT）、声脉冲发射测井（CET、PET、CBET、Isolation scanner 等）、套后超声成像测井和噪声测井等。

📝 推荐书目

郭海敏.生产测井导论［M］.北京：石油工业出版社，2003.

（张福明　姜文达）

【射孔孔眼—套管损坏检查测井解释 logging interpretation of perforation and casing damage detection】 对用于射孔孔眼、套管损坏检查的测井资料进行处理和解释。为认识地应力特征、分析套损原因、确定井下套管的维修及其效果、确定射孔和补孔及其效果、报废井和钻更新井的决策等提供重要的依据。主要包括多臂井径测井、微井径仪测井、电磁探伤与电磁测厚测井、声波井下电视成像测井、声波立体扫描测井、超声波成像测井和噪声测井等。

📝 推荐书目

《油气田开发测井技术与应用》编写组.油气田开发测井技术与应用［M］.北京：石油工业出版社，1995.

乔贺堂.生产测井原理及资料解释［M］.北京：石油工业出版社，1992.

（张福明　姜文达）

【**生产加密井测井解释** log interpretation of production infill well 】 对生产加密井的测井资料进行解释和评价，为确定射孔方案和油藏生产动态提供依据。生产加密井测井解释分为两种类型：一是按初期开发方案所钻生产加密井，应按探井测井单井处理解释，主要任务是划分油、气、水层，进行储层评价、油气层分析和压力分析等；二是注水开发的油田按调整开发方案所钻生产加密井，其测井大部分已属于水淹层测井，必须进行水淹层测井解释，主要任务是确定产层的剩余油饱和度、划分水淹级别，对产层进行评价等。

📝 推荐书目

宋万超 . 高含水期油田开发技术和方法［M］. 北京：地质出版社，2003.

（张福明　姜文达）

【**水淹层测井解释** log interpretation of water flooded zone 】 利用测井资料对注水开发油气藏的产层水淹情况（水淹层）进行解释评价，以获取水淹级别、确定饱和度、了解油水或气水界面变化等信息。主要依据测井曲线的变化特征，结合油藏动态资料和邻井注入、产出剖面等资料定性识别水淹层，或者定量计算总孔隙度、有效孔隙度、有效渗透率、当前含水饱和度、束缚水饱和度、泥质含量、产水率等参数，并结合实际产量等将水淹层划分为未水淹、低水淹、中水淹和高水淹等不同级别，为水驱油田开发方案的调整、射孔方案的确定和油藏动态描述提供依据。

📝 推荐书目

赵培华 . 油田井发水淹层测井技术［M］. 北京：石油工业出版社，2003.

（张福明　姜文达）

生产测井

【生产测井 production logging】 在套管井中综合应用电、磁、声、核、热、光、机械和成像等技术完成的各类测井。主要包括注采剖面生产动态测井、工程测井和套管井地层评价测井，用于监测注采动态、井眼技术状况和油藏开发动态，被誉为油田开发的"医生"。生产测井与勘探测井共同构成了地球物理测井的两个分支。

📝 推荐书目

郭海敏.生产测井导论［M］.北京：石油工业出版社，2003.

（郭海敏　张绚华）

【生产动态测井 production dynamic logging】 为监测注、采动态，在套管井中测量流体的温度、压力、流量等参数，确定井的注入、采出剖面的测井技术。是单井生产测井的三大任务之一，可分为生产井中的产出剖面测井和注入井中的注入剖面测井两类。

（张绚华）

【流量 flow】 流体单位时间流过截面的量。流量是生产动态测井的重要参数，可用来确定注、采剖面，分为质量流量和体积流量，通常油田用的流量是体积流量 Q。

质量流量为单位时间流过流通截面流体的质量，气液两相流的质量流量用 G 表示：

$$G=G_l+G_g$$

式中：下角标 l、g 分别表示液相和气相。

体积流量为单位时间流过流通截面流体的体积，气液两相流的体积流量用 Q 表示：

$$Q=Q_1+Q_g$$

（张绚华）

【持率 holdup】 多相管流中某一相流体的流通截面积 A_i（i=o、g、w，表示油、气、水三相）在总流通截面积 A 中所占比例。持率是产出剖面测井参数之一，用于确定各相的产量。持率用 Y 表示，如三相流中的持水率 Y_w 表示为：

$$Y_w=A_w/（A_o+A_g+A_w）$$

（张绚华）

【含率 cut】 多相管流中，单位时间内流过流通截面的某一相流体的量占流过流通截面的流体总量的比例。含率可以用来计算各相的流量，可分为质量含率和体积含率。

质量含率 多相管流中，单位时间内流过流通截面的某一相流体的质量 G_i（i=o、g、w，表示油、气、水三相）占流过流通截面的流体总质量 G 的比例。

体积含率 多相管流中，单位时间内流过流通截面的某一相流体的体积 Q_i（i=o、g、w，表示油、气、水三相）占流过流通截面的流体总体积 Q 的比例。

体积含率较常用，如无特殊说明含率一般指体积含率，用 C 表示，如三相流中含水率 C_w 可表示为：

$$C_w=Q_w/（Q_o+Q_g+Q_w）$$

（张绚华　张福明）

【相速度 phase velocity】 多相管流中，某相流体的体积流量 Q_i 与其所占流通截面积 A_i 的比，用 v 表示。三相流中某相速度 v_i：

$$v_i=Q_i/A_i$$

式中：i=o、g、w，分别表示油、气、水三相。

（张绚华）

【表观速度 apparent velocity】 假定流管的全部流通截面积 A 只被多相混合流体中的某一相所占据时的流动速度。又称折算速度。表观速度是一个假想速度，可用于计算各相体的流量。表观速度用 v_s 表示，多相流中水的表观速度 v_{sw}：

$$v_{sw}=Q_w/A$$

（郭海敏　张绚华）

【平均速度 average velocity】 混合流体在单位时间流过流体截面积的总体积与流通截面积之比。又称总表观速度或混合速度。利用平均速度可以计算混合流体的流量。

气液两相流的平均速度用 v_m 表示：

$$v_m = (Q_l + Q_g)/A = v_{sl} + v_{sg}$$

（张绚华）

【滑脱速度 slippage velocity】 多相流中密度不同的各相流体之间所存在的流速差。气液两相滑脱速度用 v_{sgl} 表示，v_{sgl} 可以由试验或经验公式确定。

（张绚华）

【漂移速度 drift velocity】 某相流体与均匀混合流体的相对速度。例如气相和液相的漂移速度 v_{mg} 和 v_{ml} 分别为：

$$v_{mg} = v_g - v_m$$

$$v_{ml} = v_l - v_m$$

式中：v_g 为气相速度；v_l 为液相速度；v_m 为气液两相平均速度。

（张绚华 张福明）

【滑脱模型 slippage model】 利用总表观速度等于各相表观速度之和以及持率归一化公式等关系式推导出的模型。又称分流模型。利用模型可以确定各相流体的表观速度。假设满足以下两个条件：（1）各相介质分别有按其所占的流通截面积计算的相速度；（2）两相之间可能有质量交换，但是两相之间处于热力学平衡状态，压力和密度互为单值函数。将各相流动看成各自分开的流动（见图），每相介质有其平均速度和独立的物性参数。

（郭海敏 张绚华）

【漂流模型 drift model】 不仅考虑了两相流体之间存在相对速度，而且还考虑了孔隙率和流速沿流通截面的分布规律的模型。又称漂移流动模型。利用漂流模型可以确定各相流体的表观速度。以气液两相流动为例，气液表观速度如下：

油水两相滑脱流动示意图

$$v_{sg} = Y_g(C_o v_m + v_t)$$

$$v_{sl} = v_m - v_{sg}$$

式中：v_{sg} 为气相表观速度；v_{sl} 为液相表观速度；Y_g 为持气率；C_o 为分布系数；v_m 为气液两相无相对运动时的平均流速；v_t 为气相漂移速度 v_{mg} 的加权平均值。

C_o 是与速度分布、浓度分布有关的系数，表示两相的分布特性，即流型特性，不同的流型具有不同的分布系数。

气相和液相的漂移速度分别是：

$$v_{mg}=v_g-v_m$$

$$v_{ml}=v_l-v_m$$

式中：v_g 为气相速度；v_l 为液相速度；v_m 为气液两相平均速度。

模型中的 Y_g 可以由密度测井资料确定，v_m 由流量测井资料确定，C_o 和 v_t 可以由试验或经验公式确定。

（张绚华）

【注入剖面 injection profile】 在注入井中，利用生产动态测井确定的各层注入流体的相对量和绝对量。又称吸入剖面。根据注入的驱油流体类型（如水、汽、气、聚合物等）不同，可以分为注水剖面、注汽剖面、注气剖面和注聚合物剖面等。注入剖面可以反映各个注入层的吸入效率。注水井中的注入剖面又称吸水剖面（见图）。

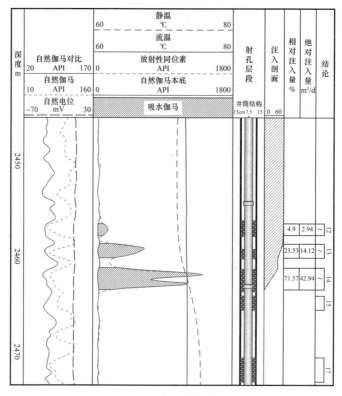

吸水剖面示意图

（张绚华）

【产出剖面 production profile】 在生产井中，利用生产动态测井确定的各层产出各相流体的相对量和绝对量。又称产液剖面。产出剖面可以反映各个产层的产液类型和产能等生产情况。

（张绚华）

【注入剖面测井 injection profile logging】 为了确定井身剖面上各注入层的注入量（包括相对注入量和绝对注入量），了解注入流体去向，在注入井中所进行的接箍、自然伽马、流量、压力、温度测量及所涉及的测井施工的统称。根据注入流体类型不同，注入剖面测井可分为注水剖面测井、注汽剖面测井、注气剖面测井和注聚合物剖面测井等。在注入剖面测井中要根据注入方式、注入流体特点以及井下管柱结构选择相应的测井技术和仪器。

（张绚华）

【产出剖面测井 production profile logging】 为了确定在井身剖面上各产出层的各相产量（包括相对产量和绝对产量），确定主力产层，在生产井中所进行的接箍、自然伽马、流量、压力、温度、密度、持率测量及所涉及的测井施工的统称。

（张绚华）

【井温测井 temperature logging】 利用温度传感器测量井下温度的生产测井。井温测井通常用带热敏电阻（如金属铂）的桥式电路作为温度传感器，通过将热敏电阻的阻值变化换算得到温度曲线。井温测井包括梯度井温测井、微差井温测井和径向微差井温测井三种。梯度井温测井测量温度随深度的变化；微差井温测井测量的是井筒中沿井轴相隔一定距离（如1m）的两深度点间温度差值，反映井下局部温度异常；径向微差井温测井是测量径向上两点的温差变化，反映同一深度径向上局部温度异常。井温测井为研究井下流体的流动，特别是产气提供重要的判断依据，在工程测井中也有重要应用。

（张绚华）

【压力测井 pressure logging】 利用压力传感器测量井下压力随时间或深度变化的生产测井。常用的压力传感器有振弦压力计、应变压力计和石英晶体压力计。振弦压力计测量振弦的振动频率，该振弦振动频率与压力有关；应变压力计利用压敏电阻反映压力变化；石英晶体压力计采用石英晶体谐振式压力探测器，根据压力与谐振频率的关系，将测出的谐振频率换算成压力。压力测井主要用于评价井内生产动态，为研究储层特性研究提供数据。

（张绚华）

【流体识别测井 fluid identification logging】 应用持水率计和流体密度计在生产井中对油、气、水的持率和混合流体密度进行测量，识别井下流体的生产测井。包括持水率测井和流体密度测井。在多相流生产井中，流体识别测井通常与流量测井及其他测井方法组合确定产出剖面。

（张绚华）

【流体密度测井 fluid density logging】 利用密度传感器测量井下不同深度流体密度的生产测井。密度计主要有放射性密度计、音叉密度计和压差密度计三种。利用密度测井资料可以确定多相流动中油、气、水沿井筒的分布规律。

（张绚华）

【持水率测井 holdup logging】 为确定多相流动中油、气、水的含量及其沿井筒分布的规律，利用持率计测量井下不同深度持水率的生产测井。持水率计有电容持水率计、放射性持水率计、微波持水率计、电导法含水率计和流动成像仪等。持水率测井提供持水率数据用于确定产出剖面。

（张绚华）

【取样式产液剖面测井仪 sampling liquid production profile logging tool】 用于抽油机井过环空测井中，由涡轮流量计、取样式电容持水率计、集流装置和电子线路等主要部分组成的产液剖面测井仪器。仪器测量持水率的核心部分是取样装置，由带中心电极的筒状电容器构成，井中流体流经取样装置时，关闭取样，测量持水率值。测井时，仪器停在指定深度，集流装置打开，井筒中油水两相液体流过涡轮流量计，进行流量测量（点测），流体再流过持水率计被取样进行持水率测量。

（姜文达　张绚华）

【过流式产液剖面测井仪 through liquid production profile logging tool】 用于抽油机井过环空测井中，由过流式电容持水率计、涡轮流量计、集流装置和电子线路等主要部分组成的产液剖面测井仪器。仪器测量持水率的核心部分是由内外电极构成的柱状电容测试室。测井时，仪器停在指定深度，集流器撑开，井筒中油水两相液体流过涡轮流量计测量流量，流体流过电容持水率计的内外电极间的测试室的环形空间测量持水率。

（姜文达　张绚华）

【阻抗式产液剖面测井仪 impedance production profile logging tool】 用于抽油机井过环空测井中，由涡轮流量计、取样电导式持水率计、集流器和电子线路等主要部分组成，用电导式持水率计测量持水率的产液剖面测井仪器。测井时，打开集流装置，使井内液体流经涡轮流量计和取样电导式持水率计。涡轮流量计测量流量。持水率计测量过流的油水混合液体的混相电导率，在取样油水分离状态下可测得单相流体电导率，依此计算出混合液体持水率。

（姜文达 张绚华）

【流量测井 flow logging】 利用流量计测量井下稳定流动层段的流体流速从而确定流体流量的*生产测井*。流量测井的流量计有*井下涡轮流量计*、超声波流量计、电导相关流量计、示踪流量计、氧活化流量计和浮子流量计等。流量测量的数据用于确定井身注采剖面。

（张绚华）

【示踪测井 tracing logging】 使用放射性示踪剂进行伽马测井的统称。全称为*放射性同位素示踪测井*。通过让示踪剂随井中的流体沿井筒或地层运移，利用伽马探测器测量示踪剂的运移速度、方向和浓度，再据此参数计算出流量等测井参数，也用于井的工程技术状况分析。

　　示踪测井的种类较多，包括放射性同位素注水剖面测井（示踪剂在井口随注入流体注入）、井下示踪流量测井（带井下释放装置，在井下释放示踪剂，见图）、放射性同位素示踪井间监测（多井示踪）、脉冲中子氧活化水流测井（以活化水流段塞作为水流示踪剂）以及工程类放射性同位素示踪测井（用于固井质量、压裂效果、酸化效果、堵水效果和管外窜槽的检查）。

（张绚华）

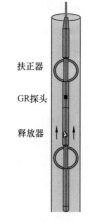

扶正器

GR探头

释放器

井下示踪流量测井
示意图

【放射性同位素示踪剂 radiosotope tracer】 将具有放射性的同位素掺杂入载体中制成放射性同位素示踪剂。该放射性同位素一般半衰期较短，我国各油区经常使用的放射性同位素是 ^{131}Ba—GTP 微球，其分子式为 $BaCl_3$，半衰期 11.7d，伽马射线能量 0.124～0.498MeV，微球直径 100～300μm，呈固态，密度 1.0～1.06g/cm³。其他放射性同位素有 ^{59}Fe、^{65}Zn、^{110}Ag、^{131}I 等，这些同位素的分子式、半衰期及释放的伽马射线能量见表。

放射性同位素物理参数表

名称	分子式	半衰期，d	伽马射线能量，MeV
^{59}Fe	FeCl$_3$	45	1.10～1.29
^{65}Zn	ZnCl$_2$	250	1.114
^{110}Ag	AgNO$_3$	260	0.657～1.382
^{131}I	NaI	8.05	0.08～0.72
^{131}Ba	Ba（NO$_3$）$_3$	11.7	0.124～0.498

（张　锋　黄隆基）

【脉冲中子氧活化测井 pulse neutron oxygen activation logging 】 利用脉冲中子源产生的高能脉冲中子与水流中的氧元素进行活化核反应，以活化水流段塞作为水流示踪剂，用伽马探测器捕捉，并据此了解井下水的流动信息的一种注水剖面流量测井。又称脉冲中子氧活化水流测井。从脉冲中子源附近水流段塞中的氧被活化至该活化水流段塞到达伽马探测器，所经历的时间称为渡越时间。由源距与渡越时间之比可以计算水流的流动速度，并确定流量。脉冲中子氧活化测井可以实现非接触流量测井，在测量分层配注井中油套环形空间的流量时有独特优势。

（张绚华）

【超声波流量计 ultrasonic flowmeter 】 利用超声波在流体中传播特性来测量流体流量的仪器。根据对信号的检测方法可以分为传播速度法、多普勒法、相关法、波速偏移法等。例如传播速度法就是通过测量声波在流体中的顺流和逆流传播时间的差来确定流体的流动速度并计算出流量。

（张绚华）

【电磁流量计 electromagnetic flowmeter 】 利用电磁感应原理测出导管中的平均流速，从而进一步确定流体流量的仪器。传感器由发射电极和测量电极组成。发射电极产生水平方向的交变电磁场，当井内流体流经传感器时，流体切割磁力线，在测量电极中产生感生电动势。

电磁流量计用于可导电介质的流量测量，主要用于测量电导率大于 10^{-4}S/cm 的单相流体，不适合用于对气体、蒸汽的测量。仪器可进行双向流动测量。它对于仪表前后管段的要求不高，不受流体温度、压力、密度、黏度等参数的影响，可以在出砂井或注聚合物井中应用。电磁流量计测量流体内不应有不均匀的气体和固体，不应有大量磁性物质。电磁流量计可以定点测量，也可以连续测量。

（张绚华）

【井下涡轮流量计 downhole turbine flowmeter】 井内流体带动涡轮转动，霍尔传感器记录涡轮磁钢切割磁力线产生的电信号，从而得到涡轮的转速，经过刻度可以将涡轮转速转换为流量。涡轮流量计重复性好，精度高，是井下流量的主要仪器。涡轮流量计包括连续式、全井眼式和集流式。

连续式涡轮流量计的涡轮叶片面积较小，井下阻力较小，可以采用连续测量或定点测量的方式进行测量。

全井眼式涡轮流量计是针对连续涡轮流量计仅测量流道中心部分的流体，低压、低动量气体容易绕过涡轮，无法使涡轮转动，测量精度降低的情况，对涡轮进行的改造。改造后，涡轮直径接近于套管的内径，叶片可以覆盖 60% 左右的套管截面积，可使被测流体最大限度地通过探测器，可以有效校正多相流动中油、气、水速度剖面分布不均的影响，提高流量测井精度。仪器具有上、下扶正器，扶正器按需要张开或收拢。测井时，扶正器张开，使涡轮叶片张开，保持仪器在套管内居中，进行定点测量。测量完毕后，扶正器和涡轮叶片同时收拢，起到保护涡轮叶片的作用，以利于仪器的升降。全井眼式涡轮流量计适用于中高产井，对低产井不适用，低流量时，有一部分流体没有冲击涡轮叶片，没有对涡轮响应作出贡献，有大于 30% 的截面会漏失流体。该仪器测量范围为 $40 \sim 500 \mathrm{m}^3/\mathrm{d}$，精度为 $\pm 5\%$。

集流式涡轮流量计是针对全井眼式涡轮流量计在斜井和多相流中存在的测量精度不高的问题，从结构上对涡轮流量计进行了改造，加装了集流装置。集流式涡轮流量计测量时集流装置将套管截面封堵，迫使流体进入仪器的集流通道，集流后的流速将急剧增加。由于集流式涡轮流量计的设计特点，使得该种仪器只能定点测量。

（张绚华）

【相关式产液剖面测井仪 correlation production profile logging tool】 一种组合式产液剖面生产测井仪器。沿该仪器管道轴线相距为 L 的两个截面处，分别安装有结构完全相同的某种物理效应的传感器。按照流体的流动方向，一般将这两组传感器分别称为上游传感器和下游传感器，在工作时，这些传感器会向被测流体发射一定幅度的能量束（如光束、声束等），或者在一定的空间范围内形成一定程度的能量场。当被测流体在管道内流动时，流体内部发生随机噪声现象。通过对两组传感器信号进行相关性分析，得到相关时间从而确定流体的流量。

（张绚华）

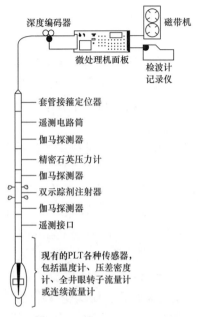

深度编码器

磁带机

微处理机面板

检波计记录仪

—套管接箍定位器

—遥测电路筒

—伽马探测器

—精密石英压力计

—伽马探测器

—双示踪剂注射器

—伽马探测器

—遥测接口

现有的PLT各种传感器，包括温度计、压差密度计、全井眼转子流量计或连续流量计

生产测井组合测井仪结构示意图

【生产测井组合测井仪 production logging tool】 在自喷生产井中，由多个探测器组合，能进行*流量测井、流体识别测井、压力测井、井温测井、自然伽马测井*和深度定位测井的产出剖面测井仪器（见图）。对测得参数进行综合解释，可确定产出剖面，得到分层油、气、水产量和含水率、气油比等信息。生产测井组合测井仪的直径为38～43mm，通常是通过油管在套管中连续测量或点测，流量计在使用前要在井中进行刻度。有的生产测井组合测井仪带有集流伞和过油管井径仪，集流伞使井内流体大部分通过探测器以提高测量精度，井径仪测量的套管内径资料为准确计算流量提供依据。

（张绚华）

【伽马—井温—接箍定位器组合测井仪 gamma–temperature–collar locator combination tool】 一种应用于放射性同位素示踪注水剖面测井中，由自然伽马、井温和接箍定位器组合而成的井下测井仪器，仪器通常携带示踪剂释放器。仪器用自然伽马探测器测量自然伽马曲线（基线）和示踪曲线，其自然伽马、接箍定位测井曲线可进行曲线的深度校正，井温曲线可以帮助辨别由示踪剂在注水管柱或井下工具上的沾污、上浮和下沉导致的示踪曲线假异常。该组合仪外径为38mm 或更小，能够在配注的油管管柱中测井。

（张绚华）

【伽马—井温—压力—流量—接箍定位器组合测井仪 gamma ray–temperature–pressure–flow–collar locator combination tool】 一种应用在注水剖面测井中，在伽马—井温—接箍定位器组合测井仪基础上发展起来的，由伽马、井温、压力、流量和接箍定位等探测器组合而成的井下测井仪器。测井时由伽马仪测得自然伽马曲线（基线）、放射性同位素示踪曲线；流量计测得流量曲线；井温测井曲线监视示踪曲线、流量曲线的正确与否；压力计测得流压曲线监视井口放喷装置密闭程度与井下是否达到正常注入压力，确保"密闭测井"；自然伽马、接箍定位测井曲线用于上述各测井曲线的深度校正。

（姜文达　张绚华）

【井温—压力—流量组合测井仪 temperature–pressure–flow combination tool】 用于注汽剖面测井与地热井测井的同时测量井温、压力、流量的井下测井仪器。该组合测井仪是由井温仪、传压筒和涡轮流量计构成的三参数组合测井仪。该测井仪器可进行过油管测井。

（张绚华）

【高温四参数测井仪 high temperature four parameters tool】 用于注汽剖面测井的同时可测量井温、压力、流量，并可计算出井筒蒸汽干度值的井下测井仪器。高温四参数测井仪包括温度仪、压力计和涡轮流量计，以及金属保温瓶和数据采集电路等，以试井钢丝下井，以井下存储的方式记录温度、压力和流量值。井温仪采用PT100铂电阻作温度传感器，测量范围为0～400℃，适合于长时间高温测试环境，压力计采用硅蓝宝石作压力传感器，涡轮流量计测量井筒蒸汽中心流速。该仪器能过油管测井和连续测井。

（姜文达　张绚华）

【人工举升采油井产出剖面测井 production profile logging for artificial lift well】人工举升采油井在生产时所进行的产出剖面测井。人工举升采油井下入了泵具和井下工具，挡住了通过油管起下产出剖面测井仪器的通道，测井施工可以采取：过环空法（通过油管—套管环空起下仪器）、双油管法（一管用于采油，另一管用于下测井仪）、临时气举法（临时将人工举升采油井换成气举采油管柱）、抽测法（起出油井的泵具，用电缆下入测井仪器，再下入有杆泵具）和倒"Y"接头法（油管的末端接上倒"Y"接头，接头的一个分支接电动潜油泵采油，另一个分支用于下测井仪）等方法。

（姜文达　张绚华）

【过环空生产测井组合测井仪 annular production logging tool】 一种在抽油机采油井中下入的生产测井组合仪，通常包括流量计、持水率计、流体密度计、井温仪、压力计和接箍磁性定位器等。为适应抽油机采油井测井条件，将直径38～43mm生产测井组合测井仪缩径为25～28mm，采用过油管—套管环形空间起下，进行油、气、水三相流产出剖面测井，可获得油、气、水的分层产量资料。在油水两相流中不测流体密度时就是环空五参数测井仪。

（姜文达　张绚华）

【过环空产出剖面测井 annular production profile logging】 抽油机井中，用偏心井口使油管偏置于套管的一侧，使用小直径仪器通过油管和套管间的月牙形空间（油管—套管环形空间）下入井下，在目的层进行产出剖面测井。过环空产

- 135 -

出剖面测井可在有杆泵采油井正常抽油生产时测井，分为定点测量和连续测量。

（姜文达　张绚华）

【流动成像测井 flow imaging logging 】 对油气井内流动的流体进行成像测量。成像测量的实质是运用一个物理可实现系统来完成对被测物场某种特性分布的 Radon（雷登）变换和逆变换。Radon 变换体现为对物场不同方向的投影测量，反映的是投影方向上某种物场特性分布参数对投影数据的作用变化规律；Radon 逆变换则是运用投影数据确定该物场特性分布参数的过程。流动成像测井主要有电容法、电导法和电磁法等几种方法。电容法采用电容器原理构成阵列测量探头，利用油气与水的介电特性差异辨识井内流体；电导法采用电导探针构成阵列测量探头，利用油气与水的导电特性差异辨识井内流体；电磁法采用环状阵列电极构成测量探头，综合利用油气与水的导电特性和介电特性差异辨识井内流体。

（张绚华）

【水平井大斜度井产出剖面测井 production profile logging for horizontal well or high angle well 】 在水平井或大斜度井中进行的产出剖面测井。在水平井、大斜度井中无法依靠井下仪器自身的重量或加重使它到达目的层段，必须依靠外力使它达到目的层进行测井。将测井下井仪器送入水平井或大斜度井目的层的工艺主要有：柔性管传输法（下井仪器依靠预先穿入电缆的柔性管上提或下放带动进行测井）、钻杆传输法（下井时通过钻杆将仪器和钻铤下入井中）和井下牵引器法（在测井下井仪器上端连接牵引器，它提供动力将仪器推送到目的层，依靠电缆上提仪器进行测井）。在水平井、大斜度井中，井筒中流体油、气、水存在明显重力分异，需使用集流式组合生产测井仪测量产出剖面。

（姜文达　张绚华）

【工程测井 engineering logging 】 为掌握油气水井本身工程技术状况所进行的测井技术的统称。主要包括固井质量、射孔孔眼、套管损坏、修井质量、酸化压裂和井下工程事故等检查。

固井质量检查包括对套管外固井水泥返高和水泥胶结质量的检查；射孔孔眼检查射孔孔眼位置以及射穿套管与否；套管损坏检查包括对套管腐蚀、套管漏失、套管变形和套管错断的检查；修井质量检查包括对所下管柱、井下工具在深度上到位与否、封隔器密封情况、封堵窜槽（套管外水泥环窜通）、套管漏失及其补贴、确定出砂层位及其防砂效果的检测；酸化压裂检查是对酸化压裂施工质量及封堵效果的检查；井下工程事故检查包括查明井下落物和井下钻杆、管柱、工具卡点以及对井下工程事故处理的效果等。工程测井为制定射孔方案，射孔、补孔及其效果的确定，修井、报废井和钻更新井的决策等提供重要的依据，是单井生产测井的三大任务之一。

（张绚华）

【固井质量测井 cementing quality logging】 检查套管外固井水泥返高和水泥胶结质量的测井。固井工程是钻井完井工程中的一个重要环节，固井质量的好坏关系到油气井寿命和采油气作业效果，固井质量测井为制定射孔方案、修井（如封堵窜槽）及其效果和油井报废等提供依据。用于固井质量的测井主要有声波幅度测井（CBL）测量套管外第一胶结面，声波变密度测井（VDL）测量套管外第一和第二胶结面的胶结质量，测井仪器还包括水泥胶结评价测井仪（CET）、脉冲回波测井仪（PET）和扇区水泥胶结测井仪（SBT）等。

（张绚华）

【套管损坏—射孔孔眼检查测井 perforation–casing damage detection logging】 用于检查射孔孔眼位置和射穿套管与否，检查套管变形、腐蚀、断裂与错位等套管损坏及其维修效果的测井。测井仪器包括各种井径仪、管子分析仪、电磁测厚仪和井壁超声成像测井仪、电磁探伤测井仪和井下摄像电视测井仪等。

（张绚华）

【伽马密度套管壁厚测井 gamma logging for density and casing thickness】 测量散射伽马光子，确定套管与地层间充填介质的密度、套管壁厚的核测井。伽马密度套管壁厚测井仪主要包括长源距水泥密度伽马探测器、短源距水泥密度伽马探测器和伽马源等。测井时长、短源距探测器记录9条散射伽马计数率曲线，计算出水泥环平均密度、套管壁厚、套管偏心率等参数。测井资料用于确定固井质量、套管缺损井段、套管接箍和扶正器位置及其在井中偏心等。

（张绚华）

【井径测井 caliper log】 测量裸眼井直径和套管井直径的测井方法。井径测井给出裸眼井和套管井的井径曲线，为监测钻井质量、下套管、固井、修井、井下作业和测井工程的施工以及测井资料的解释提供依据。

20世纪50年代，中国在裸眼井测井中开始使用了接触式（仪器的测量臂与井壁接触）井径测井仪。60年代由于定位射孔的需要，大庆石油管理局研发了用于套管井的微井径仪，它演变成 X—Y 井径仪。80—90年代引进了36臂、40臂、60臂的多臂井径仪；国内生产了两臂、10臂过油管井径仪和8臂、12臂井径仪；大庆石油管理局引进了电磁测厚仪，并实现了国产化，开始应用非接触法测量套管内径；进入 21 世纪，研发了 16 臂井径仪，使用差动位移传感器将井径的非电性信号变成电信号，提高了测量精度。

（张绚华）

【磁测井井径仪测井 magnetic caliper logging】 用磁测井井径仪测量随井径变化电流信号，据此可判断套管内壁变形与腐蚀的测井。磁测井井径仪放入井下套管中进行测量时，由于套管是导体，会产生感应电流即涡流，它将改变电路中的等效导纳，使高频交变磁场的能量减少，输出电流的振幅与套管内径成正比。

（张绚华）

【多臂井径成像测井 multi-arm caliper logging】 利用多臂井径仪下井测量得到多条井径曲线，并据此得到井身三维立体成像图的测井。多臂井径成像测井仪器测量时其多个测量臂（8 臂、10 臂、16 臂、30 臂、36 臂、40 臂、60 臂等多种）与管柱内壁接触，将管柱内壁的变化转为井径测量壁的径向位移，采用独立的差动式位移传感器将推杆的垂直位移变化转换成电信号。仪器一次下井即可获取与测量臂数量相对应的多个管柱内径半径信息，可通过所测量的数据绘制出套管形变的立体成像图。

（张绚华）

【微井径仪测井 micro-caliper logging】 用微井径仪测量套管的相互垂直的两条内径，并确定平均内径的测井。测井资料用于检查套管变形、射孔质量及判断是否必须补孔等。测井所用的微井径仪有四条井径腿，分别相距 90°。在套管内径变化时，井径腿的张开度发生变化，其偏凹轮带动连杆移动造成滑键移动，使电流通过的电阻变化。同一铅垂面内的两条井径腿之间的距离变化时，引起电流流过的电阻变化，从而反映出套管内径的变化。其测量线路有桥式线路和滑线式线路两种。微井径仪的分辨率为 ±1mm，而一般井径仪的分辨率仅为 ±15mm。

（张绚华）

【X—Y 井径仪 X-Y caliper】 在套管井中测量两个互相垂直方向（相当于在直角坐标中 x、y 轴两个方向上）井径的井径测井仪器。

X—Y 井径仪包括测量部分、井径测量臂和压力平衡管等部分［见图（a）］。井径测量臂由 4 根相同的互成 90° 夹角的测量臂和小轮构成。测量臂又分为短臂和长臂两部分，短臂顶部偏凸轮与测量部分的连杆接触，长臂通过小轮与套管内壁接触。通过支点测量臂的小轮能够移动［见图（b）］。测量部分由 4 套连杆及其上部的弹簧、线绕电位器和滑键构成。弹簧使井径测量臂的小轮挤压在套管内臂。压力平衡管通过液体（如变压器油）保持仪器内部与井筒中的压力平衡。测井时套管内径的变化促使测量臂的小轮位移，其上部偏凸轮的转动带动连杆上下位移，连杆移动使滑键沿线绕电位器移动，电位器的电阻值变化将反映井径的变化。X—Y 井径仪是接触式连续测量的，记录互相垂直的两条曲线，测量精度为 1%。

X—Y 井径仪主要用于射孔孔眼—套管损坏检查。

（姜文达）

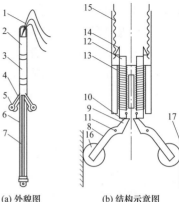

(a) 外貌图　(b) 结构示意图

X—Y 井径仪结构示意图

1—引线；2—仪器帽；3—测量部分；
4—井径腿；5—小轮；6—压力平衡管；
7—支架；8—长臂；9—短臂；
10—偏凸轮；11—支点；12—连杆；
13—弹簧；14—滑键；15—线绕电位器；
16—小轮；17—套管

【多臂井径仪 multi-arm caliper】 用于套管井中测量、具有多个井径测量臂的井径测井仪器。

多臂井径仪分为 8 臂、10 臂、16 臂、30 臂、36 臂、40 臂和 60 臂等多个种类，其仪器包括测量臂、传感器、电子线路和上、下扶正器等部分（见图）。测量原理类似 X—Y 井径仪，井径测量臂越多，其间的夹角越小（60 臂的仪器仅为 6°），套管内径周向异常状况被检测的概率越高。该类仪器属接触式连续测量，记录多条曲线，测量精度为 1%。

8 臂、10 臂井径仪的测井资料可以用来判断套管变形截面；16 臂井径仪的测井资料能用来解释套管最大井径、最小井径及平均井径；36 臂、40 臂井径仪的测井资料能用来解释套管最大井径、最小井径及平均井径以及套管剩余臂厚和变形部位。

多臂井径仪测井资料的解释结果以伪彩色图像显示，将射孔孔眼—套管损坏的状况直观地显示出来。

（姜文达）

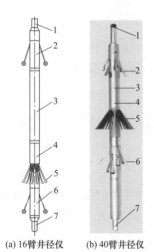

(a) 16臂井径仪　(b) 40臂井径仪

多臂井径仪结构示意图与实物图

1—仪器帽；2—上扶正器；3—电子线路；
4—传感器；5—测量臂；6—下扶正器；
7—尾帽

【方位井径仪 azimuth caliper】 在套管井中测量井径及其方位的井径测井仪器。该仪器用于套管损坏及其方位的检查。

方位井径仪主要包括三自由度的框架陀螺仪（见陀螺井斜仪）和 $X—Y$ 井径仪两部分（见图1）。两者采用定位连接，陀螺井斜仪的母线要与 X 井径测量臂在同一平面上。在连续测井过程中，$X—Y$ 井径仪测量井径曲线，陀螺井斜仪用它的定轴特性测量 X 井径测量臂方位曲线，根据两种曲线，即可确定套管损坏的方位（见图2）。

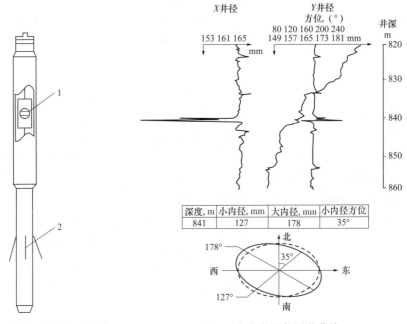

图1　方位井径仪结构示意图
1—陀螺井斜仪；2—$X—Y$井径仪

图2　方位井径仪测井曲线

方位井径仪于20世纪80年代由中国大庆石油管理局研制成功，并在生产中得到应用。

（姜文达）

【井斜测井 inclination log】　测量井筒倾斜角和倾斜方位角的测井方法。井筒倾斜角是井轴和垂直线之间的夹角，其变化范围为0°～90°。井筒倾斜方位角是井轴水平投影线与磁北方向顺时针的夹角，其变化范围为0°～360°。井斜测井给出了井筒穿过地层的姿态，为监测钻井质量和控制钻进的方位和斜度、换算地层倾角测井参数、校正各种地质数据和修井、井下作业以及测井资料解释提供依据。井斜测井使用的是井斜测井仪。

20 世纪 50—70 年代，中国使用的是电阻式井斜测井仪（用重锤在垂直安放的电位器上确定阻值，测量井倾斜角；用磁针在水平安放的电位器上确定阻值测量倾斜方位角）测井，它们只能进行点测。80 年代以来应用了连续测斜测井仪和连续陀螺测斜测井仪，后者可在金属套管井中测井。这两种方法是用测定的重力加速度和相应的参数，最终计算出井的倾斜角和倾斜方位角。

（姜文达）

【**磁性定位测井 collar locator logging**】 采用接箍定位器进行射孔孔眼、套管损坏检查和井下管柱结构及修井效果检查的测井。接箍定位器（CCL）是一种基于电磁感应原理测量井中钢质套管（或油管）接箍位置（深度）的磁法测井仪器。接箍定位器包括一对永磁铁（极性相对，产生恒定磁场）和线圈（在永磁铁中间）。因为钢质套管接箍处（套管—接箍—套管），铁磁性物质发生变化（薄—厚—薄），所以当仪器经过钢质套管接箍时，单位时间内永磁铁恒定磁场通过线圈的磁通量将发生改变（大—小—大），线圈内产生感生电动势异常。测井曲线记录到的异常为上下同向的 2 个小尖峰和中间一个反向大尖峰（套管接箍长度约 20cm，当线圈接触接箍和离开接箍时会出现一个同向的小尖峰，当线圈正对接箍中间位置时磁场分布变化最大，会有一个反向的大尖峰）。该异常对应深度点即为接箍的位置。另外，在管柱结构、厚度发生变化处和有孔眼、裂缝处测井曲线也会有明显异常。

（张绚华）

【**连续井斜仪 continuous inclinometer**】 连续测量穿过地层井筒的倾斜角和倾斜方位角的井斜测井用仪器。

连续井斜仪主要包括三维重力加速度计、三维磁力计构成的探测器以及有关电路构成的数据采集和传输系统（见图）。该仪器是基于地磁场和地心引力场两个物理矢量测量的。以地磁场和重力场为基准建立一个参考坐标系；以磁力计和重力加速度计建立测量坐标系。测井时，磁力计和重力加速度计在井眼不同的倾斜角和倾斜方位角时输出不同信号，即测量坐标系相对于参考坐标系发生的变化，经过对输出信号处理和计算得到井眼倾斜角、倾斜方位角及仪器自转角，从而确定井的姿态。

连续井斜仪通常与井径测井仪器等组合进行测井。由于仪器中置有磁力计器件，所以该仪器仅限于裸眼井或非金属套管井中测井。

连续井斜仪测井资料为监测钻井质量和控制井钻进的方位和斜度、换算地层倾角测井参数、校正各种地质数据和测井资料解释提供依据。

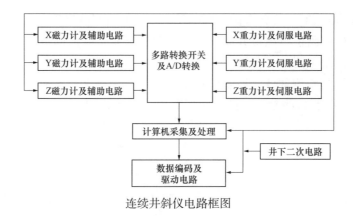

连续井斜仪电路框图

（唐金波　姜文达）

【陀螺井斜仪 top inclinometer】 用陀螺仪在金属套管井中连续进行井斜测井的仪器。

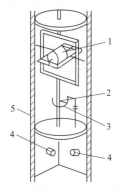

陀螺井斜仪结构示意图
1—陀螺仪；2—电刷；
3—电位器；4—加速度计；
5—外壳

为了在金属套管井中测量井斜，用陀螺仪代替连续井斜仪的磁力计。该仪器的陀螺仪主要包括三自由度陀螺仪、电刷与电位器、两个伺服加速度计和电子线路（见图）。电刷固定在陀螺仪的外框架上，电位器固定在仪器的外壳上，两个加速度计的敏感轴 X、Y 互相垂直又与仪器轴 Z 垂直。测井时，陀螺仪工作后依靠其进动特性保持它的水平位置；依靠其定轴特性保持方向不变；当仪器外壳随井的方位变化而转动时，根据电刷在电位器上确定的阻值得出陀螺仪的自转角。根据陀螺仪和重力加速度计在不同井斜变化时输出的不同信号，经处理和计算得到井筒倾斜角、倾斜方位角，从而确定井筒的姿态。

陀螺井斜仪测井为修井、井下作业和研究套管损坏的机理提供依据。

（姜文达）

【井下摄像电视测井 downhole TV log】 将摄像机放入井下，摄取井下图像，在测井地面仪器中用电视屏幕（监视器）将图像显示出来的测井方法。井下摄像电视测井用于直接观察井内落物位置，套管和油管的损坏情况、矿物和细菌的沉积、井下工具的工作条件和状况，以及观察井下流体和颗粒的进出位置等。

井下摄像电视测井仪包括光纤电缆头、光纤传输器电路、扶正器、光源和摄像机等部件（见图）。耐高温的摄像机由温度补偿电路对其电路进行温度补偿，使输出信号稳定。测井时，调节光源照明，摄像机摄得图像的视频信号经电路处理后，经光缆送至地面仪器，予以监视和录像。在地面监视器中观察到摄像机前沿扇形区域内的图像。

20世纪90年代，大庆石油管理局引进了井下摄像电视测井仪，耐温为107℃，耐压为70MPa，外径43mm，可以通过油管在套管井中测井，但井中必须是充满透明的流体（如清水）。该仪器尚需提高耐温、耐压性能，使它能在中深井中测井。

（姜文达）

井下摄像电视测井仪
结构示意图
1—光纤电缆头；2—电缆头；
3—光纤传输器电路；
4—扶正器；5—光源；
6—摄像机

【套管井地层评价测井 formation evaluation production logging】 为了掌握储层开发动态而在下套管井中所进行的测井统称。套管井地层评价测井主要用于确定剩余油饱和度等参数，对油田开发生产、驱油效率等进行动态监测，为油田的开发提供指导。

（张绚华）

【测—注—测工艺 log-inject-log technique】 在同一目的层用同一种仪器先后两次测量，并且在两次测井之间，向该层注入特殊性质的流体（如放射性同位素示踪剂），通过对比两次测井结果确定产层含油饱和度、注水效率和油气水动态的一种测井工艺技术。

（张绚华）

【产层参数测井 layer parameter production logging】 为监测油田开发动态在套管井中所进行的测井统称。油田开发过程中产层参数（包括岩石孔隙度和孔隙结构、渗透率、流体饱和度、粒度和压力、温度等参数）不断变化，产层参数测井贯穿于油田开发的始终。

（张绚华）

【过套管电阻率测井 through casing resistivity logging】 在套管井中测量地层电阻率，可以利用已建立的含水、含油饱和度的评价方法寻找未动用油气，可以通过与裸眼井电阻率对比，用衰竭指数定性评价油层水淹程度，跟踪油藏流体饱和度的变化以及油藏流体界面的运移情况。

过套管电阻率测井与普通电阻率测井相比，克服了金属套管的制约，能在普通套管井中测量地层的电阻率。在过套管电阻率测井中，当电流注入套管上时，电流主要在套管内流动，流入地层的泄漏电流很小，在套管上产生的电压差为纳伏级。20世纪80年代后期，出现了低噪声纳伏级的微弱信号放大器技术，使得过套管电阻率测井得以实现。

（张绚华）

【套管井剩余油饱和度测井 remaining oil saturation logging for casing well】 在套管井中获取产层中剩余油饱和度的测井。是产层参数测井的主要内容，应用的主要测井方法有碳氧比能谱测井、中子寿命测井、储层饱和度测井、中子伽马测井和氯能谱测井，以及声波速度测井、感应测井、过套管电阻率测井和重力测井等，另外也可利用持水率测井数据计算出剩余油饱和度。工艺上可以采用测—注—测技术以提高精度。作为油田动态监测的一种技术，套管井剩余油饱和度测井资料为油田调整开发方案以及油井进行增产措施提供重要依据。

（张绚华）

【电缆地层测试 wireline formation testing】 在钻井过程中或完钻后，利用电缆地层测试器对地层进行压力降落或恢复测试的技术。电缆地层测试可以测量地层压力、采集地下地层流体、估算有效渗透率、预测产能、预测油气、油水、气水界面以及判断储层连通性等。电缆地层测试与钻杆地层测试同属于地层测试，电缆地层测试相当于微型试井，比试井作业更快速、更经济。

在测试以前，根据自然电位或自然伽马等测井资料，确定储层的深度，依据地质或工程的需要，确定取样和测试深度。将井下仪下到井中测试深度，定位并开始推靠仪器，探头进入储层，然后井下仪器开始抽取地层流体和测量压力的变化。依次向下逐点测试，直至完成测量。

与其他测井方法相比，电缆地层测试有四点不同：（1）测量的资料是压力随时间变化的坐标图，而不是深度与某种测井测量的物理量的坐标图；（2）对感兴趣的个别深度点进行的测量，而不是连续记录深度上的某一物理量；（3）测量某一储层抽取流体过程中压力场的变化，压力是储层的直接测量参数；（4）测量时井下仪器定位于井中的某一深度位置上静止不动，而其他测井方法在测井时井下仪器可选择沿井筒匀速运动。

（张绚华）

【井间监测测井 cross-well monitor logging】 在油田区域性开发中，为研究注采井网的注采动态和效率，在一口井（注水井或生产井）中进行特殊施工操作以产生激发信号，然后在间隔一定距离的另一口或多口井中采集和测量经过地层传播信号的不同于单井测井的测井技术。通过井间监测可得到与井间地层有关的信息，认识油藏平面上的非均质、连通情况、微构造和裂缝，认识水驱、汽驱、聚合物驱和三元复合驱的油田开发动态变化规律，了解剩余油饱和度的分布，发现死油区，为油田开发方案的调整、布井提供可靠的依据。井间监测分为井间示踪剂监测、井间地震监测、井间电位法监测、井间电磁波成像测井以及井间试井（如井间干扰压力试井、井间脉冲压力试井）等。

（张绚华）

【井间示踪剂监测 cross-well tracer monitor 】 向注水井中注入高温条件下能够与流体相配伍且在地层中化学稳定、生物稳定的物质（即示踪剂，包括放射性示踪剂和化学示踪剂），然后在周围生产井中按一定的时间间隔不断监测取样，追踪注入的流体去向，从而确定注入流体的运动轨迹的测井技术。该技术通过所获取的采油井中该注入物质的突破时间、峰值大小及个数等信息，分析处理示踪剂的浓度采出曲线，可确定油层信息。

（张绚华）

【井间电位法监测 cross-well electric potential monitor 】 通过井下套管向目的层和地表层供电，在目的层和地表形成电场，测量地表电位，通过对测量资料的处理和分析，了解油和水在目的层的分布情况的测井技术。井间电位法监测包括静态监测法和动态监测法两种方法。

（张绚华）

【井间地震监测 cross-well seismic monitor 】 利用地震波传播速度和幅度的衰减取决于地层物理参数（如密度、孔隙度等）的规律，在一口震源井中激发出地震波，在另一口或多口井中用接收器接收地震波的多种信号，把接收到波的传播时间和幅度特性进行处理和解释，确定多种地层信息的测井技术。俗称井间CT。

（张绚华）

【井间电磁波成像测井 electromagnetic wave imaging for cross-well logging 】 根据电磁感应原理，把发射器和接收器分别置于发射井和接收井中，在发射井的不同深度发射电磁波，在一口或多口接收井相应深度接收电磁波，通过对测井资料的解释处理得到高分辨率的井间地层电阻率分布图像，从而确定多种地层信息的测井技术。

（张绚华）

测井仪器与设备

【测井仪器设备 logging instrument】 进行测井工程作业所使用的仪器与设备的统称。用于进行测井信息采集、传输、记录、资料处理解释。主要包括测井地面系统、测井下井仪器、测井设备、测井基础设施和测井解释工作站的设备等。

根据各种测井方法原理并符合井下条件的井下仪器或电极系，首先要经过测井基础设施的检验和刻度，其次再按规定运送到井场。测井井下仪器或电极系通过测井电缆与测井地面系统连接后下入井中，在目的层段下降或提升进行测井，取得测井资料（数据或测井曲线）。测井仪器与设备有如下特点：

（1）测井下井仪器要经过运输的颠簸并在复杂（高温、高压、大斜度等）的环境下移动中测量，并要有较高的测量精度（如深度测量误差小于0.1%，密度的测量误差小于 $0.015g/cm^3$ 等），因而造价昂贵。

（2）测井地面仪器、测井下井仪器、测井设备要车装或橇装运输，并在井场施工时易于操作、安装和拆卸。

（3）在有限的仪器尺寸上，需尽可能大的发射功率，以保证可精确地探测到井眼周围的地层信息。

（4）每次测井前、后都要进行必要的维修和刻度。

测井仪器与设备发展至今，共经历了四次更新换代，从半自动的模拟测井阶段到广泛应用电子技术和计算机技术的数字测井阶段，再到以计算机为核心，高精度质量监控及大容量数据传输传输的数控测井阶段，最后是目前的高集成、高可靠性的成像测井阶段。

📖 推荐书目

《测井学》编写组.测井学［M］.北京：石油工业出版社，1998.

（姜文达）

【测井地面系统 surface device of logging unit】 通过测井电缆对各种测井下井仪

器进行遥控和遥测的测井地面设备。对测井下井仪器测得地层或井筒及其中介质的各种物理信息进行采集、处理、显示并绘制沿井筒深度变化的测井曲线或二维、三维图像。通常是车装（见测井仪器车）或橇装（见测井仪器拖橇），测井时被运送到井场或海上平台，进行测井作业。

测井地面系统的主体通常是由一台或几台计算机构成的测井局域网络，在系统软件支持下不仅能完成测井操作，还能在井场对测井资料进行快速处理、解释，提供解释成果图，并通过卫星或其他方式将井场实时采集和处理的数据远程发送到测井解释工作站。测井地面仪器基本的功能模块含如下几部分：测井信息采集系统，测井过程控制、信息处理系统，显示、绘图系统，测井深度测量系统和电源系统以及计算机控制程序（软件）系统。测井时，人工操作或计算机软件控制测井下井仪器的工作，将采集的电信号，通过电缆传送到地面仪器的主机上。与此同时，深度测量系统将采集到的深度值也对应的送入主机，对信息处理后显示出测井参数、深度的关系曲线、测井曲线或二维、三维的图像，由绘图仪绘出测井曲线或图像。除测井深度系统安装在测井绞车上外，测井地面仪器的其他辅助部分均装入坚固的机柜中。

📝 推荐书目

《测井学》编写组．测井学［M］．北京：石油工业出版社，1998.

（姜文达）

【**测井下井仪器 down hole logging tools**】 测井工程作业中，下放到井中所有仪器的统称。它对地层或井筒及其介质的电量或非电量参数（信号）进行信息采集并处理，通过测井电缆将信息传输到测井地面系统进行显示和记录。

测井下井仪器主要包括探测器、电子线路、扶正器或推靠器和金属或玻璃钢外壳等。探测器由发射源和测量传感器构成（见图），亦有无发射源的探测器。测井时，由发射源提供的能量与地层或井筒及其介质发生作用，产生于其性质有关的信号，由探测器进行测量，如感应测井仪、声波速度测井仪等。无发射源时，探测器测量地层或井筒及其介质本身提供的信号，如自然伽马测井仪、$X—Y$井径仪、井下涡轮流量计等。每种测井方法，都有一种（型号）或多种（型号）测井下井仪器，总计有百余种。测井下井仪器通过测井电缆连接器与测井电缆下端链接（有时需连接测井加重——铅或钨合金

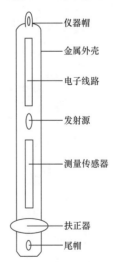

测井下井仪器结构示意图

制成类似测井下井仪器外形的重锤），下入充满钻井液、压井液或油气水的高温（80～175℃或更高）、高压（50～120MPa或更高）井筒中，并在上提或下放过程中测量（也有少量在仪器静止时测量，俗称"点测"），工作环境恶劣。测井下井仪器要经常受运输中的颠簸和振动，要求性能稳定，因而造价昂贵。测井前、后要对测井下井仪器进行刻度、校验，以保证仪器获取的资料准确可靠，发现异常要更换仪器重新测量，异常仪器及时维修。

（姜文达）

【**测井设备** logging equipment】 配合测井地面系统、测井下井仪器完成各种测井工程作业的所有设备的统称。它包括测井仪器车和测井仪器拖橇、测井电缆绞车、测井电缆、测井井架、测井滑轮、深度测量系统、测井发电机、测井防喷装置等。有时还配备专用的运输测井下井仪器的测井仪器车和测井用放射性源的运源车。

测井地面仪器、测井电缆绞车及测井电缆、深度测量系统和发电机以及测井下井仪器等是安装或固定在测井仪器车或测井仪器拖橇内的（见图）。裸眼井测井井架一般使用钻井井架，套管井测井使用作业井架或专用井架，流量测井一般要使用测井防喷装置。测井井架、测井防喷装置、天滑轮和地滑轮都是在井场临时安装的。测井滑轮一般成对使用，由防磁耐磨损材料制成，用于导向、张力和井深计量；测井发电机分为柴油发电机组和液力发电机（汽车引擎带动液力发电机发电，体积小，精度高，调整方便）。测井设备要轻便灵活、易于运输、在井场安装和拆卸。

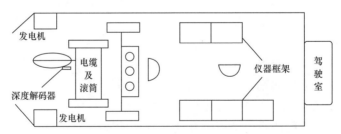

测井仪器车内测井仪器与设备布局示意图

（姜文达）

【**测井仪器车** logging instrument truck mounted unit】 运载测井地面仪器、测井下井仪器和某些测井设备的专用车辆。测井仪器车可以在有公路的条件下运载测井仪器与设备、测井作业人员，并在井场提供工作空间进行测井工程作业（见图）。它要求车辆本身越野性能强，与测井电缆绞车配合完成测井、射孔和

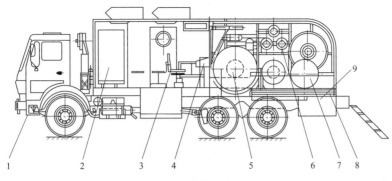

测井车结构示意图

1—汽车底盘；2—测井地面仪器；3—操作员座椅；4—测井绞车操作系统；5—测井绞车滚筒；6—绕线盘；
7—测井天地滑轮；8—测井下井仪器架；9—测井发电机

其他的电缆作业。

测井仪器车已发展为与电缆绞车合为一体，分前、后两舱。前舱固定安装测井地面仪器及测井绞车操作台，后舱固定安装测井电缆绞车、深度测量系统、测井天地滑轮、测井电缆张力计、多个电源线绕线盘以及若干个测井下井仪器固定架（筒）等。前后两舱之间以玻璃窗相隔，后舱顶部和后围敞开（行车时用毡布帘遮挡），使绞车操作员视野开阔，直视井场。车后身左、右两下测通常安装测井用发电机。一体化测井车按其测井深度分为 3500 米型、5000 米型和 7000 米型。

（李安宗　姜文达）

【测井仪器拖橇 logging skid mounted unit】　运载测井地面仪器和某些测井设备专用的拖橇。主要用于沙漠和海上环境中测井仪器设备的搬运（须另加牵引和运输设备），并提供测井操作空间，以便完成测井、射孔和其他的电缆作业。

测井仪器拖橇为全金属结构，无机动底盘，底盘为橇体，顶部备有吊架。测井仪器拖橇分为分体式和整合式两类。分体式测井仪器拖橇将操作舱、测井电缆绞车置于一橇体，将动力部分（包括柴油机组、发电机组）置于另一橇体；整合式测井仪器拖橇将操作舱、测井绞车和动力部分合为一体。操作舱内固定安装测井地面仪器和测井电缆绞车的操作台（见图）。

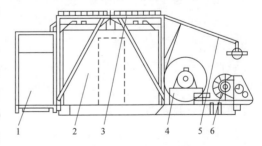

测井仪器拖橇结构示意图

1—动力部分；2—测井操作舱；3—吊架；
4—测井绞车大滚筒；5—深度测量系统；
6—测井电缆绞车小滚筒

测井仪器拖橇按测井深度分为 3500 米型、5000 米型和 7000 米型，可完成测井、射孔和其他的电缆作业。

（李安宗　姜文达）

【**测井电缆 logging cable**】　由导电缆芯、绝缘层、钢丝编织层组成的单芯或多芯用于测井的专用电缆。测井电缆盘绕在测井电缆绞车的滚筒上，下端通过测井电缆连接器连接测井下井，提升或下放测井下井仪器，将下井仪器传送控制信号，并将采集到的信息输送到测井地面仪器中。测井电缆通常被称为油矿承荷电缆，与通信电缆相比，测井电缆无屏蔽层，属于长导线。测井电缆亦可完成射孔、取心等电缆作业任务。

1930 年，美国的钢材与钢丝公司发明了双向扭转铠装测井电缆。中国在 20 世纪 50 年代使用从苏联引进的外层麻包测井电缆，60 年代开始制造并推广应用了铠装测井电缆。

　　结构特点　铠装测井电缆中心置有多股铜导线绞合而成的缆芯；缆芯外部是绝缘层（分为橡胶、合成聚丙烯和氟塑料等）。对于多芯电缆：芯间与填充物构成坚实的圆形体；最外部分内外左旋和右旋的 12～24 根钢丝铠装，铠装可以保护缆芯并承担测井下井仪器和测井电缆自身的负荷。直径为 4.3～12.7mm 的铜芯单芯或多芯铠装电缆，长度分为 3500m、5500m、7000m 等；电缆的基本参数、结构参数、电气参数、耐温、耐压等因生产厂家不同而有所不同，一般单芯电缆直径小（4.3～8.0mm）、负荷小（14～80kN 或更高），阻值 10～80$\Omega \cdot$m/km，绝缘不小于 200M$\Omega \cdot$m/km，普通电缆耐温 150℃，深井用电缆耐温不小于 175℃。

　　应用　根据测井需要选定电缆种类。如对于硫化氢浓度大于 5% 的井，需要选用抗腐蚀的铠装（如镍钴合金）测井电缆；对于过测井防喷装置的电缆不应有接头或断铠丝。在电缆使用前应按规定消除铠装扭力，并在测井电缆绞车的滚筒上要整齐盘绕电缆；按规定在电缆上作好深度磁性记号（25m/ 个）和特殊磁性记号（500m/ 个），其误差在 1000m 内不超过 0.2 米。测井前要检测缆芯的阻值和绝缘，在井场按规定安装测井天地滑轮、防喷装置和测井电缆张力计，要使电缆合理的通过。测井时上提或下放电缆要平稳，注意测井电缆张力计数值的变化，其速度不大于 4000m/h（裸眼井测井）和 6000m/h（套管井测井），在特殊井段速度还要降低。在裸眼井中电缆停留时间不得超过 1min；在测井中电缆遇阻、遇卡、井涌或井喷时必须按规定处理测井事故，最大限度地保护好测井电缆。测井完毕后必须及时对电缆进行维修和保养。

📖 推荐书目

《油气田开发测井技术与应用》编写组.油气田开发测井技术与应用［M］.北京：石油
工业出版社，1995.

（姜文达）

【测井电缆连接器 logging bridle 】 连接测井电缆下端与测井下井仪器之间的一
种密封部件，用来承担两者之间的机械拉力和测井信号的传输。俗称马笼头。

20 世纪 80 年代初由国外引进了测井电缆连接器，并实现了国产化，它包
括钢质的鱼雷连接器、加长电极（可作自然电位测井的测量电极或侧向测井回
流电极）、电极接头或电缆接头（见图）。鱼雷连接器即快速接头，由电缆鱼雷
与电极鱼雷组成，工作时两部分依靠一个旋转的螺纹环连接。测井电缆下端与
电缆鱼雷连接，测井时根据需要将电缆鱼雷通过电极鱼雷、加长电极与电极接
头相连，或者将电缆鱼雷与电缆接头相
连。这种连接方式使芯腔均有保险拉力
棒（在测井下井仪器解卡时，拉力棒在
超过额定拉力时被拉断，使电缆拉回井
筒）。测井电缆连接器腔中的胶囊内充满
硅脂或硅油，有助于保持与井筒压力平
衡，达到密封绝缘。测井电缆连接器耐
温 175℃、耐压 120MPa，保证测井电缆
和测井下井仪器在井场快速可靠连接，
提高测井工程作业的时效和成功率。

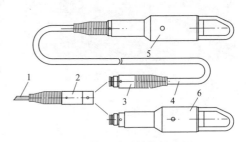

测井电缆连接器结构示意图
1—测井电缆；2—电缆鱼雷；3—电极鱼雷；
2+3—鱼雷连接器；4—加长电极；5—电极接头；
6—电缆接头

（张青敏　姜文达）

【测井电缆张力计 logging cable tension meter 】 用于测量测井电缆在测井时所承
受负荷（张力）的仪表。曾称测井电缆指重表。

测井过程中由于测井下井仪器或测井电缆在井下遇阻、遇卡，或者测井电
缆绞车司机非平稳地操作，以及井下事故的发生，都会使测井电缆机械张力发
生变化。测井电缆张力计实时将这种张力的变化经应变片转换成电信号，再经
电子线路处理和模数转换，采用有线或无线的方式将张力变化传送到测井地面
仪器中，予以显示。

通常情况下，测井电缆张力计安装在测井天滑轮、地滑轮或深度测量系统
与固定端之间。当张力超过设定数值时将发出报警，电缆自动卸荷，迫使操作
人员及时采取措施，防止电缆打结或拉断等事故的发生，保证测井仪器与设备
和测井电缆的安全。在成像测井中，要求测井下井仪器均匀移动，测井电缆的

张力指示和控制就更为重要，张力信号往往以测井曲线的形式予以记录。

（李安宗　姜文达）

【测井电缆绞车 logging cable drawwork unit】 测井过程中，将测井电缆和测井下井仪器连续下放或提升，完成测井工程作业的卷扬机。测井电缆绞车以车载或橇装形式被运送到井场或海上作业平台。

测井电缆绞车主要包括动力部分、动力传动装置和变速部分、滚筒、盘缆器及操作控制台等（见图）。绞车的动力使用汽车引擎或狄塞尔内燃机。动力传动装置和变速部分已由齿轮和链条发展为液压马达；液压马达控制液压油泵，实现无级变速，使滚筒按要求的速度转动。滚筒由防磁材料制成，直径 36～56cm，长 90cm。测井前，在滚筒上缠绕好测井电缆。测井时，控制滚筒的正、反转速，按规定的测井速度连续下放或提升测井电缆和测井下井仪器。盘缆器使电缆能有序地缠绕在滚筒上。

测井电缆绞车实物图

为了在井场能使用两种直径（如 12.7mm 和 5.6mm）电缆分别测井，出现了双滚筒测井电缆绞车；测井电缆绞车运载方式已由单一的车载，发展成为和测井仪器车合二为一的形式。

（姜文达）

【深度测量系统 depth survey system】 在测井下井仪器采集测井信息的同时采集记录（显示）对应深度信息的系统。该系统是测井地面仪器的组成部分。

测井深度测量系统包括深度信息采集部分和深度记录（显示）面板两部分。采集部分由测井电缆、测量头、光电编码器组成，安装在测井电缆绞车上，又称"马丁—代克"（martin–deck）。

测量头由测量轮、扶正轮等部件构成。测量轮是由耐磨的防磁金属材料制成，其周长为 304.8～810.00mm；扶正轮保证测井电缆准确无误地通过测量轮。有些测量头还装有电缆张力传感器。光电编码器由旋转轴、码盘光栅、发光器件（如发光二极管）、光电接收器件（如光电三极管）、指示刻度盘等主要部件构成（见图）。码盘光栅数可分

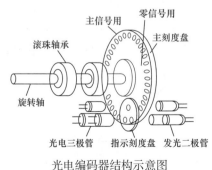

光电编码器结构示意图

为 600 个、800 个、1000 个、1024 个和 1200 个不等。旋转轴通过弹性连接器与测量轮轴相连，测量轮旋转时码盘光栅随之转动，光电接收器件将输出两路（或四路，两路一组，分别对应公制和英制）脉冲信号，而且码盘光栅输出的脉冲数与位移成正比，两路脉冲的相位差反映测量轮的正反转信息。测井时，测井电缆升降带动测量轮正转或反转，对光电编码器输出的脉冲信号进行处理可以获得深度信息。深度信息经处理成为能被记录的深度值（该值通常是测井曲线坐标纵轴的标称值），并在测井地面仪器面板上予以显示，以供测井操作工程师和绞车司机观察。

随着一些新型材料的出现，测量头的用材也逐渐多样化，测量头的结构也更加合理，整体的耐磨、耐腐蚀程度将进一步提高。

（王　庆　姜文达）

【测井井架 logging derrick 】　测井时用于吊起测井天滑轮的井架。在裸眼井测井时，使用的是钻井井架；在套管井测井时，使用的是井下作业井架或车载井架（井架车）。

车载井架由井架和注脂系统两大部分组成。井架部分有两种结构：一种为桁架式，桁架分为两节，上端一节套装在根部（下端）一节内，用钢丝绳拉动伸出，并采用气动插销锁定，井架的升降采用汽车引擎为动力，由液压伸缩缸完成；另一种为单桅杆式，桅杆的伸缩及升降采用液压操作，并用气动插销锁定。许多油田采用汽车吊车作为井架车，汽车吊车机动灵活、操作方便、高效。在不使用高压防喷装置（即不需注脂系统）测井时，它是安全可靠适用的井架车。

（姜文达）

【测井防喷装置 logging blowout preventer 】　在套管井测井时，为了防止生产井（注入井和产出井）中的高温、高压流体（油、气、汽、水）从井口外喷，保持在生产井正常压力下进行测井（即"密闭测井"）而在采油树上部安装的安全装置。

测井防喷装置包括防喷管（一般是用长于 2m 的 $2^1/_2$in 油管）、油管短节、溢流管和防喷盒体等部分（见图 1）。防喷管安装在采油树上，测井下井仪器和测井电缆放入防喷管，安装防喷盒体，打开采油树阀门，让它们下入井中，压缩防喷盒体内的橡胶密封盒，封闭电缆与密封盒间隙，控制溢流量，在电缆升降过程中使流体不会喷出。防喷盒体内的橡胶密封盒（组）视井口压力的大小而采用单级、两级和多级。根据测井的需要测井防喷装置分为三类：

（1）低压测井防喷装置。用于井口压力为 3～5MPa 的生产井测井。在过环空产出剖面测井中，应用卧放式防喷装置（测井时防喷管可卧放）、直立式防喷装置（直立于偏心井口之上，并有不大于 30° 的倾角）和倾斜式防喷装置（设有使防喷管倾斜角 5°、10° 的结构）。三种防喷装置在测井时不影响抽油机"驴头"的工作。

（2）高压测井防喷装置（见图 2）。适用于井口压力较高井的测井。它的防喷盒内装有三根流管（可使电缆通过、内径光滑的钢管），测井电缆从中穿过，其间隙为 0.15～0.30mm，注脂泵连续地向流管中注入高压密封脂，在高压下密封和润滑测井电缆。高压测井防喷装置耐压分为 32MPa、50MPa、70MPa 和 100MPa。

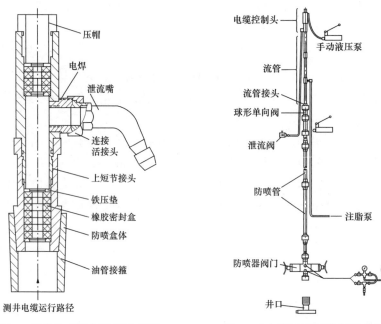

图 1　测井防喷装置结构示意图　　　　图 2　高压测井防喷装置结构示意图

（3）高温测井防喷装置。如 TPS-9000 数控测井系统防喷装置。该防喷装置适用于井温—压力—流量组合测井仪测井，防喷装置中置有耐高温（370～400℃）的密封盒，操作人员在地面上用其紧固齿轮传动杆调节密封盒的松紧，使之远离高温井口。

（姜文达）

【测井基础设施 logging infrastructure】 为了进行测井方法研究，对测井下井仪器进行检测与刻度，提高测井资料处理解释精度，以及保证测井作业健康—安全—环保的实施，在测井基地（公司）所建立的与测井工程作业有关的设施。

主要包括岩石物理实验室、核测井刻度井群、固井质量测井刻度井群、流量模拟试验装置、测井放射性源库与同位素配制室、测井高温高压实验装置、标准井（已知各种岩性地层、套管接箍深度的非生产的中深井）、拖测井电缆装置（消除电缆扭力、拖倒电缆的装置）和测井电缆丈量—注磁（给测井电缆作磁性记号）的装置等。

（姜文达）

【**岩石物理实验室** petrophysics laboratory】 研究岩石的电、声、核等物理性质及其变化规律的实验室。研究岩石的物理性质在一定条件下的变化规律，及其与地质和油藏参数的关系，是建立电法测井、声波测井，核测井等方法的基础，也是建立各种测井解释模型，用于划分岩性，识别油气储层，计算储层孔隙度、渗透率、含油饱和度及有效厚度等参数的依据。岩石物理实验室是重要测井基础设施之一。岩石物理实验室的研究内容主要有以下三方面：

（1）研究岩石的电频谱、声频谱、核能谱和核磁共振弛豫时间谱，寻求表征岩性，岩石结构、孔喉特征和流体识别等的各种物理参数。

（2）在模拟地层高温、高压和流体驱替条件下，研究岩石电阻率、介电常数、电化学参数、声波速度、声波幅度、自然伽马能谱、核磁共振纵向弛豫时间和横向弛豫时间等物理参数与岩石的密度、孔隙度、渗透率和含油饱和度等参数的关系。

（3）研究上述各种物理参数与岩性、孔喉结构、孔隙胶结类型、黏土矿物类型及含量、地层水类型及矿化度、孔隙流体饱和历史、温度、压力等各种影响因素的关系，使利用测井资料进行地层评价时，消除各种影响因素，给出正确的解释结果。

岩石物理实验室的仪器设备主要有：高温、高压下测量岩石电阻率的岩心夹持器，测量岩石介电常数的夹持器和阻抗分析仪、网络分析仪；岩心自然伽马能谱测量仪，核磁共振仪和核磁共振成像仪；测量岩石激发极化电位和薄膜电位的装置；高温高压下测量岩石声参数的岩心夹持装置、脉冲发生器和高精度宽带示波器。此外还有测量岩心孔隙度、渗透率、含油饱和度的仪器以及测量岩心密度、比表面和分析阳离子交换量的仪器。为了测量岩样的物理参数还要附设岩样加工，洗油、洗盐、烘干和饱和处理等一系列装置。

（冯启宁）

【**核测井刻度井群** calibration wells for nuclear log】 多个对核测井仪器进行刻度计量的标准模拟井。包括基准井群和工作标准井群，是核测井工程质量控制的重要测井基础设施。基准井群是中国石油核测井统一量值的行业最高标准器具，属国家一级刻度井。工作标准井群是通过基准井群最值传递或对比的、油田应用的标准模拟井群，属国家二级刻度井。

根据需要建立有下列核测井刻度井群：

（1）自然伽马刻度井群。采用国际通用的 API 单位（在美国休斯顿大学的刻度井中，自然伽马测井仪测得的高放射性和低放射性标准地层计数率之差的 1/200，定义为 1API）。中国的自然伽马基准井由两块天然岩石实体块组成，其 API 差值为 207.45±1.98API，为自然伽马单位 API 的溯源基准，设置于石油工业测井计量站。

（2）自然伽马能谱刻度井群。包含井眼和厚度不同的具有单一放射性元素铀、钍或钾的高放射性地层，含有三种放射性元素的混合高放射性地层，以及低放射性围岩层。中国海洋测井公司建造的井群共有 9 口刻度井，按井径 15.59cm、21.59cm 和 30.48cm 分成三组。每组有 3 口井径相同的井，井中安装着精确铀、钍、钾含量的标准模拟地层。测井下井仪器在刻度井中分别测量地层铀、钍或钾元素的标准仪器谱、三种放射性元素的混合仪器谱，建立起谱数据与放射性元素含量之间的转换关系。

（3）补偿密度/岩性密度刻度井群。基准井为全空间实体结构，几何尺寸相对于密度测井为无限大，标准井径为 20cm，井液为淡水。模块密度为 1.178～2.916g/cm^3，不确定度为 0.005g/cm^3；光电吸收截面指数为 0.24～8.93，不确定度为 0.1。配用不同厚度的模拟用重滤饼和轻滤饼。测井下井仪器在基准井或工作标准井中刻度后，就建立了用短、长源距散射自然伽马能谱作滤饼补偿，求取地层密度和光电吸收指数的转换关系。

（4）中子伽马刻度井群。计量标准器是在美国休斯顿大学建造的中子刻度井。井中有三组碳酸盐岩刻度模块，自上而下分别为：卡西奇大理石，孔隙度为 1.9%；印第安纳石灰岩，孔隙度为 19%；奥斯汀石灰岩，孔隙度为 26%。模块均用淡水充分饱和。每组刻度块均由 6 个宽 152.4cm、厚 30.48cm 的六面柱体石块组成，井眼直径 20cm，充满淡水。并把仪器零线与孔隙度为 19% 的印第安纳石灰岩之间的读数差定为 1000API。

（5）中子孔隙度刻度井群。基准井地层骨架为石灰岩，氧化钙含量大于 53%，井径为 20cm，井液为淡水，矿化度小于 1000mg/L。孔隙度标称值为 0.1～100pu，不确定度为 0.3～0.5pu。补偿中子测井仪器在基准井或工作标准井中刻度后，就建立了短、长源距计数率比值与中子孔隙度的转换关系。

（6）脉冲中子测井刻度井群。基准井群中包括不同井径、完井结构、岩性、孔隙度、饱和度、持率、地层水矿化度和烃密度的标准井眼和模块，刻度后可生成碳氧比扇形图，以及宏观俘获截面与饱和度的关系和影响因素的校正图版。

📖 推荐书目

黄隆基.核测井原理［M］.东营：石油大学出版社，2000.

庞巨丰.现代核测井技术与仪器［M］.北京：石油工业出版社，1998.

（黄隆基）

【固井质量测井刻度井群 calibration wells for cementing quality log】 在各种套管—水泥—地层已知固井水泥胶结状况的多口模拟井，用于对固井质量测井仪器（如声幅测井仪 CBL、声波变密度测井仪 VDL）进行刻度标定，对固井质量检查测井方法进行试验研究，为测井资料解释提供依据的测井基础设施。

大庆油田的固井质量测井刻度井群共 6 口井（见图），1 号、2 号、3 号、4 号、6 号井的套管外径为 139.7mm，厚度 7.72mm；5 号井的套管外径为 177.8mm，厚度为 9.19mm。每口井模拟高度为 9m（有效模拟高度不少于 6m）。每口井的地层（外径为 800mm、厚 2.0m）分别为石灰岩、砂岩、泥岩（高、中、低速地层）。每口井分别由 G 级油井水泥铸成 18 种胶结情况，包括 I 界面（套管—水泥）、Ⅱ界面（水泥—地层）胶结好，I 界面局部胶结不好、Ⅱ界面胶结好，I 界面胶结好、Ⅱ界面局部胶结不好、自由套管，微环间隙，套管偏心等。

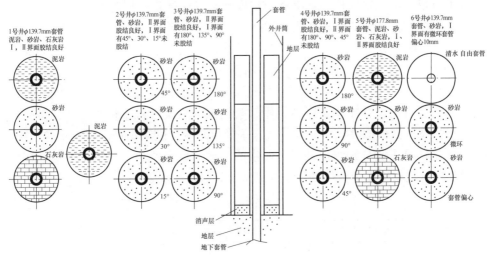

固井质量测井刻度井群结构示意图

30 余种不同厚度的各种胶结情况，在不同方位角度（22.5°、45°、90°、180°、270° 和 360°）上有未胶结部分；亦有用聚胺酯橡胶模拟Ⅱ界面窜槽的层段。

测井下井仪器测井 50 井次或停用 1 年后启用，更换声系或调整电路后，应在刻度井中进行刻度，刻度时测速保持在 4～5m/min。

（姜文达）

【**流量模拟试验装置** flow test simulated apparatus for production logging 】 模拟注入井和生产井井筒中流体流动的试验装置。该装置能模拟垂直井、水平井生产时油、气、水单相流的各种流态（如层流、湍流），以及油水、气水两相流，油、气、水三相流的流型（如段塞状流、泡状流、沫状流和雾状流等）；用于注入剖面测井和产出剖面测井的方法研究，也可用于测井下井仪器刻度和绘制解释图版等。它是生产测井的重要基础设施。

流量模拟试验装置包括油、气、水介质，稳压系统，流量控制计量系统，模拟井筒，油水分离罐与气液分离罐和储存罐，以及相应的连接管路与试验仪器的记录装置等（见图）。油、气、水介质要实用安全，分别采用 –30～0 号标准柴油、空气或氮气、自来水。油、气、水稳压系统分别由油、气、水流量稳压装置（如稳压罐）构成。油、气、水流量控制计量系统分别由油、气、水流量管路中的多个控制阀和不同量程的涡轮流量计构成，能实时提供和计量各种量值的油、气、水流量，流量管路中还安装标准计量罐或标准体积管，用于对管路中流量计进行定期校验；根据稳定度和流量计量将模拟装置划分为1级、2级、3级（油或水相瞬时流量精度各级分别为 ±1.0%、±1.5%、±2.0%，气相瞬时流量精度各级均为 ±2.5%）。模拟井筒由相当于所测井的套管内径、高度大于 5m 的透明管柱构成，可在 0°～90° 的任何角度上工作。油、气、水分离系统是由 2～4 个大罐构成，模拟井筒流出的油、水混合液在此静止分离，油和水分别流回到各自的储存罐中，以备再用。模拟试验装置进行工作时，首先将测井下井仪器下放到模拟井筒中，油、气、水稳压系统分别给出油、气、水稳压源，流量控制计量系统分别给出油、气、水的流量、持水率和持气率等参数，在模拟井筒内可观察所模拟流体的流态和流型及其滑脱等现象。

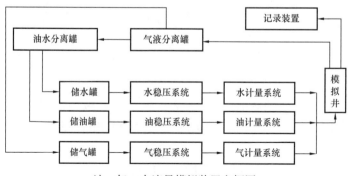

油、气、水流量模拟装置方框图

自 20 世纪 70 年代以来，中国多个油田建立流量模拟试验装置。进入 21 世纪，大庆油田由于三次采油的需要又建成多相（油、气、水和聚合物水溶液）流模拟试验装置。

（姜文达）

【**测井用放射性源库与同位素配制室** radioactive source storehouse and isotope make-up cabin for logging 】 在核测井中使用密封型放射性源和非密封型放射性源（即放射性同位素），它们产生对人体有害的放射线，对这些放射性源在测井以外的时间要有专门存放和配制的场所。用于贮存测井用放射性源的场所称之为测井用放射性源库，俗称源库；用来配制每次测井所需活度（强度）的非密封型放射性源或示踪剂的工作场所称之为同位素配制室。测井用放射性源活度最大为 18Ci 中子源，测井源库有别于高活度放射性源库。

（1）测井用放射性源库（见图 1）。源库建在远离居民区、旅游景区以及地势稍高且稳定的地域。源库为独立的建筑，库内设有储源坑若干个。深度大于 1.2m。储源坑盖由防护材料构成（储存中子源坑盖为 15cm 厚的石蜡，储存伽马源坑盖为 15cm 厚的铅块），常用源要一源一坑。坑盖表面和库内辐射环境空气比释动能率应小于 25μG/h。源库外空气比释动能率应小于 2.5μG/h。

源库外四周设不低于 2m 的实体围墙。围墙与源库四周的距离在使用活度最大的裸体放射源时比释动能率小于上述值。

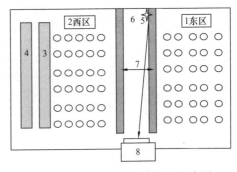

图 1　测井用放射性源库内设示意图

1—中子源储存区（共 30 个储源坑）；2—伽马源储存区（共 30 个储源坑）；3，4—储源沟（深 1.5m，宽 1.4m，储存停封源）；5—红外线探视仪；6—灭火器；7—铅内置防护墙；8—铁门

当心电离辐射

图 2　电离辐射标志图

储存活度大于 200GBq 的中子源和储存活度大于 20GBq 的伽马源（见伽马测井）的源库要有机械提升和传送设备。放射性同位素与封闭型放射源分开储存。

源库内设通风设施和放射性监视室，安装监视和防盗装置。源库外示出电离辐射标志（见图 2）。源库有严格的管理制度和登记台账，放射源由双人双锁保管。

（2）测井用放射性同位素配制室。配制室的选址与建立、管理的要求与源库相同。根据测井的需要配制放射性同位素种类与活度（通常为几毫居里），配制室属于第二类开放单位乙级工作场所。它分为清洁区（包括办公室、值班室等），低活性区（包括净更衣室、仪器维修室、监测室等）和高活性区（包括脏更衣室、放射性同位素储存库及其传送设备、分装配制室，放射性废物和废水储存设施等），通风气流从低活性区流向高活性区。配制室内部的地面、墙壁和门窗及其设备结构力求简单、表面光滑、无缝隙，易于更换和去污处理。

📓 推荐书目

姜文达.放射性同位素示踪注水剖面测井［M］.北京：石油工业出版社，1997.

（姜文达　曹嘉猷）

【测井高温高压实验装置 high temperature and high pressure experimental equipment】
对测井下井仪器耐温和耐压性能进行实际测定和验证的装置。测井高温高压实验装置是测井工程质量控制的重要基础设施之一。

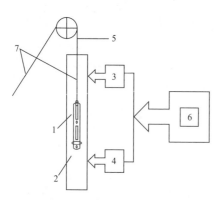

装置主要包括筒体部分、工作介质、温控部分、压控部分、升降机构和操作控制部分（见图）。筒体部分是装置的主体，通常由双层不锈钢（如 35CrMoV）圆筒构成，筒体长约 10m，内径 140～200mm，耐温 175～250℃，耐压 125～200MPa。被测定的测井下井仪器置于筒体中心，筒体外层空间用于给筒体加热。工作介质由压缩机油、合成 65 号汽缸油或 25 号变压器油等构成，通过它传递热量和压力。压控部分通过超高压泵将工作介质泵入筒体内。测试完成后由空气压缩机将筒体内的油品抽出，通过角式阀进入放空分离器，然后回收油品，排出冷却的气体。温控部分先用水预热，使工作介质

测井高温高压实验装置结构示意图
1—筒体部分；2—工作介质；3—温控部分；
4—压控部分；5—升降机构；
6—操作控制部分；7—电缆

凝固点降低，再用电加热器加热，通过高压泵将其泵入筒体外层，通过它传递热量和压力，使筒体内的工作介质达到设定的温度和压力。测试完后，利用油降温、水降温和风降温等措施使筒体降温。升降机构用于在井筒内提升和下放测井下井仪器，或对筒体维修作业等。操作控制部分由控制柜、操作控制台和计算机组成。控制柜控制电路系统；操作控制台通过压力和温度传感器对温度和压力进行监控，温度测量精度为 ±1%（F.S.），压力测量精度为 ±1.5%（F.S.）；用计算机实现对整个系统的监视和自动记录有关数据。

（曹嘉猷　姜文达）

【**测井数据传输编码** logging data transmission coding 】 为了在测井电缆上传输大量的数据，提高数据的传输速率，充分利用电缆的频带宽度，数据在传输之前，都要先进行编码和调制，再经电缆传至地面单元，最后由地面单元对接收的数据进行解码和解调。

（李会银）

【**脉冲编码调制** pulse coded modulation，PCM 】 将模拟量转变成脉冲信号表示的二进制编码。发送端包括多路转换开关，采样和对采样信号量化编码，并按一定格式经电缆传送到地面的记录设备，该过程称为调制。地面设备进行相反的变换，在同步信号的控制下，各道编码脉冲依次经过反多路转换开关、数模转换器后恢复为原来模拟信号，地面接收是一个解码的过程。

PCM 是双极性归零码，不含直流成分，易于传输。信号分时传送，用较少的电缆就可以传输多路信息，各路之间不存在"串音"干扰，但传输速率较低。在测井信息采用数字传输的初期普遍采用 PCM 方式。阿特拉斯的 3506PCM 系统就采用了 PCM 方式，传输速率为 8 或 16 千位每秒。

（李会银）

【**曼彻斯特编码** manchester encoding 】 数据通信中最常用的一种基带编码，它用两位码表示信码"1"或"0"。其正负电平出现的概率相等，无直流分量和低频分量，主要能量集中在通频带中段。每个码元间隔的中心处都有电平跃变，位定时信息丰富，无须另外传送同步信号。曼彻斯特码在传输的过程中有两种数据格式（见图 1）：命令字和数据字。在命令字中 1～3 位为命令同步头，4～19 位为命令数据，20 位为奇校验位；数据字中 1～3 位为数据同步头，4～19 位数据，20 位为奇校验位。

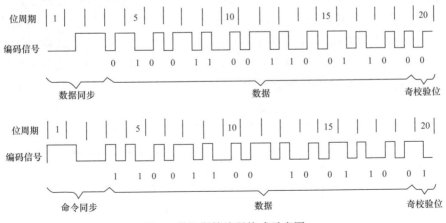

图 1 曼彻斯特编码格式示意图

阿特拉斯的 3700 数控测井系统的数据传输短节 3508 采用了曼彻斯特编码，电缆上传输信号为双极性脉冲，传输速率 20.8kbps，半双工方式。

在阿特拉斯公司 ECLIPS 5700 系统的数据传输短节 3510 和 3514 中，对电缆上传输信号波形进行了改进（见图 2），将双极性脉冲进行微分处理得到微分曼彻斯特编码，从而获得更好的传输特性，模式 2 的下行数据速率为 20.8kbps，上行数据速率为 41.66kbps。除模式 2 外，3510 和 3514 还同时支持模式 5 和模式 7，传输数据格式不再使用固定字长的 20 位帧格式，而是采用数据长度任意的变长格式，提高了大数据量传输效率，模式 5 和 7 的传输速率均为 93.75kbps，5700 总的上行数据速率达到 230kbps。

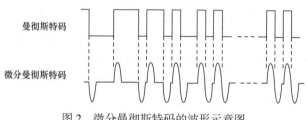

图 2　微分曼彻斯特码的波形示意图

推荐书目

冯启宁.测井仪器原理［M］.北京：石油工业出版社，2010.

（李会银）

【二进制相移键控 binary phase shift keying，BPSK】 利用载波信号的相位来携带信息的一种调制方式。在 BPSK 编码调制的码型中，"0" 只在位边界处有电平跳变，而 "1" 在位边界和位中央都有电平跳变，是一种自时钟码。无须单独的时钟通道，且 BPSK 波形中没有直流成分，易于传输和处理。BPSK 调制只有 0° 和 180° 两种相移，相应的调制电路简单，可靠性高（见图）。电缆遥传系统（CTS）是斯伦贝谢公司 20 世纪 80 年代开发的半双工测井信息传输系统，采用了 BPSK 调制方式，传输速率为 100kbps。在缆芯分配上，井下交流电源由缆芯 1 和缆芯 4 供给，信号传输方式由变压器接成 T5 方式，用幻象供电法向井下

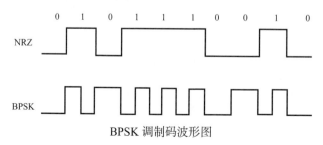

BPSK 调制码波形图

探头提供电源。斯伦贝谢公司的电缆遥测系统 CTS、CCS 系统的井下遥测短节 TCC 采用 BPSK 调制方式。

📖 推荐书目

冯启宁. 测井仪器原理 [M]. 北京：石油工业出版社，2010.

樊昌信. 通信原理 [M]. 北京：国防工业出版社，2010.

（李会银）

【正交振幅调制 quadrature amplitude modulation，QAM】 用两路独立的基带信号对两个相互正交的同频载波进行抑制载波双边带调幅，利用这种已调信号的频谱在同一带宽内的正交性，实现两路并行的数字传输。是一种成熟且广泛应用的调制技术，是正交载波调制技术与多电平振幅键控的结合。QAM 是一种矢量调制，将输入先映射到一个复平面上，对复平面实部分量 I 和虚部分量 Q 进行幅度调制，分别对应调制在时域正交的两个载波上。与幅度调制相比，该法频谱利用率提高一倍。20 世纪 90 年代初期研制成功的 MAXIS-500 成像测井系统，它的遥传短节 DTS 采用了 QAM 调制解调技术，将 T5 和 T7 方式组合，使得传输速率达到 500kbps。

（李会银）

【离散多音频调制 discrete multi-tone，DMT】 一种并行数据传输结合频分复用（FDM）的多载波传输技术，它将数据流分解为若干个子数据流，使每个子数据流具有较低的传输比特速率，并利用这些子数据流分别调制若干子载波。DMT 采用正交多载波调制技术，它与正交频分复用（Orthogonal Frequency Division Multiplexing，OFDM）的原理上没有本质差别。无线通信领域称之为 OFDM，有线电缆通信中称之为 DMT。DMT 调制利用正交变换把可用传输带宽分为若干并行、独立、平滑的子信道，每个子信道对各自的输入信息进行调制，并将已调信号相加后，在每个符号间隔内联合传输。在多载波调制信道中，数据传输速率相对较低，不存在码间干扰，可以最大限度地提高信道频谱利用效率，提高抗脉冲噪声和快衰落的能力。国内成像测井系统的数据传输速率在 7000m 的电缆上已达到了 1Mbps。

（李会银）

【测井仪器总线 logging tool bus】 测井仪器各功能部件之间传送信息的公共通信干线，由导线组成的传输线束。测井仪器总线是具有实时性、可靠性、简单性等特点的工业现场控制总线，测井系统的总线类型应根据测控任务和要求、现场测控单元类型、性价比，以及后续的技术支持和维护等因素综合确定。

（李会银）

【DTB 总线 down hole tool bus】 由 3 根 56Ω 的同轴电缆线组成，位于井下遥测单元与井下仪器之间进行信息交换。DTB 总线由下行信号线、上行时钟线和上行数据 / 启动线组成。下行信号 DSIG 既包含数据信息，也包含下行时钟信息，二者由井下仪器的总线接口电路分离。上行时钟线提供井下仪器上传所需要的时钟 UCLK。上行数据线 / 启动线 UDATA/GO 为双向通信线，每帧开始时，井下遥测单元通过此线发出 GO 脉冲，通知各井下仪器做好传送数据的准备，各井下仪器在上行时钟 UCLK 的作用下，依次把数据送至上行线上，向上传送。

（李会银）

【以太网总线 ethernet bus】 在现在的工业生产中为实现数据共享和对生产设备的实时监测，大多使用嵌入式以太网技术。嵌入式以太网技术利用以太网技术和 TCP/IP 协议实现数据通信，具备完整的通信协议，且通信速率较高，物理层速率可达 10Mbps。为提高数据传输速率，并且实现测井系统的联网功能，井下测井仪器总线直接采用嵌入式以太网技术实现。各个井下仪器通过各自的以太网通信接口连接到以太网总线，从而形成系统的以太网网格系统。仪器各自具有唯一的 IP 地址，地面系统网络通过电缆和井下仪器网络相连。以太网比现场总线具有更高的带宽，而且还可以较容易地升级到 100Mb 甚至 1000Mb 高速以太网，其可靠性较高。将现场以太网、企业内部网与 Internet 集成，方便进行系统维护。但是，由于以太网采用的数据链路层协议 CSMA/CD 的非确定性，不能满足响应时间的严格实时性要求。

（李会银）

【成像测井系统 image logging system】 用阵列型扫描或旋转扫描型测井下井仪器采集沿井筒纵向、径向或周向的地层或井筒及其介质的信息，并用高速传输方式通过测井电缆传输到测井地面仪器中，用图像处理技术得到某一探测深度井段上的二维图像或井周三维图像，完成这一复杂任务的测井仪器与设备和测井技术的统称。成像测井系统的图像显示或记录方式比数控测井仪井的曲线更精确、更直观、更方便，在许多探井和关键的开发井中得到应用。成像测井资料不仅很好地用来求取物性参数，判断油、气、水层，显示井筒及其中流体的流动状况，还深化了对复杂岩性储层和复杂裂缝，溶洞型储层的认识，也为识别断层及内部构造形态、研究沉积相及沉积环境、确定砂体在空间上的展布等提供了依据。

成像测井系统是在数控测井系统基础上产生的，成像测井系统主要测井地面仪器设备和软件系统、测井电缆数据高速遥传系统、测井下井仪器系列和图像处理解释系统 4 大组成部分（见图 1）。成像测井地面仪器在井场能完成测井解释工作站所进行的各种处理，并可通过卫星传输系统实现井场和测井解释工作站的数据传送。

（姜文达　李会银）

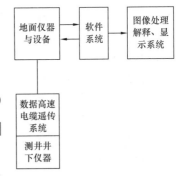

图 1　成像测井系统框图

【SL6000 成像测井系统　SL6000 image logging system】在 SL6000 高分辨率多任务测井系统的基础上经集成、配套和升级推出的新一代多功能石油工程技术服务快速平台。可提供油田多种新型成像测井下井仪器勘探开发需求的多种工程技术服务。系统支持配接的井下仪器系列有常规测井下井仪器、高精度高时效测井组合仪器、多种新型成像测井下井仪器（包括 SL6022 微电阻率扫描、SL6677 多极子阵列声波等）和超高温高压测井仪器（耐温指标达到 230℃，具有 Φ92mm 和 Φ76mm 两个系列）。配接高精度高时效测井组合仪器时采用集成技术将原常规仪器组合从 44m 缩短为 19m 左右，一次下井就可以取全测井数据，减少下井次数，提高测井时效，降低钻井成本。

（许玉俊）

【ESCOOL 高温高压电缆测井系统　ESCOOL high temperature and high pressure cable logging system】支持裸眼测井、套管测井、地层测试和井壁取心测试服务，由网络化地面系统和井下测井仪器构成的新一代网络化电缆测井系统。简称 *ESCOOL 测井系统*。ESCOOL 测井系统满贯系列装备可以在 235℃、175MPa 井况下进行测井，其成像、地层测试等高端系列装备可以在 205℃、175MPa 井况下进行测井。

　　ESCOOL 测井系统具有模块化、标准化、网络化的技术特点，能够实现多种仪器的组合测井作业。系统包含采集与遥测两个功能模块：采集模块负责数据处理、显示、存储和仪器控制，借助卫星网络可以实现测井数据的全球实时传输，供专家实时分析与决策；遥测模块提供数据通信接口，可以实现每秒 1 兆比特数据量的高速率电缆传输，同时具有降速工作模式，能够满足各类仪器的特殊作业需求。

　　ESCOOL 测井系统可以提供多种测井系列服务：（1）常规测井系列：可以获取声波时差、多探测深度电阻率、地层孔隙度、岩性密度、自然伽马能谱等信息，实现岩性识别、孔渗饱计算与流体识别等常规评价目标；（2）多维成像系列：可以提供地层电阻率成像、超声井周成像、三维声波成像、核磁共振成像服务，满足缝洞识别、沉积构造分析、沉积微相划分、渗透率计算、地层各向异性评价、有效孔隙度计算、可动流体识别等复杂评价需求；（3）井筒完整性评价系列：可以提供套管内壁成像与厚度检测、扇区水泥胶结评价等技术服务，对固井质量与套管腐蚀进行精确评价；（4）新一代地层测试仪器：可以提供精准地层压力测量与地层原状流体取样，实时获取地层流体的光谱组分、黏度、密度与电导率信息，计算出储层流体界面、流度、流体性质、产能等重要地质参数，仪器还具有低速泵抽、探针双挂与大极板测量等新功能，能够满足稠油出砂、低孔渗等复杂储层的地层测试需求；（5）井壁取心仪器：一次下井最多可获取 60 颗直径 1.5in、长度 $2^{3}/_{4}$in 的井壁岩心，可根据地层特点实时调节钻头的旋转速度与钻压，有效提高取心成功率与收获率。

（马明学）

【EILog 成像测井地面系统 EILog image logging Surface system】 采用前端和后台网络分布式结构，完成测井信号的预处理、井下仪器的命令控制、数据采集和处理、质量控制、测井数据记录和成果输出。可配接 EILog 测井系统集成化常规测井系列、成像测井系列和生产测井系列等井下仪器。前端采集系统、主机以及用户计算机等组成了一个测井局域网，系统控制和采集模块都是网络中的一个节点，再配备相应的远程网络设备，可以实现测井作业的远程数据传输、远程监控和专家技术支持。

EILog 成像测井系统地面系统

📖 推荐书目

《测井学》编写组 . 测井学［M］. 北京：石油工业出版社，1998.

汤天知 . EILog 快速与成像测井系统［M］. 北京：石油工业出版社，2009.

（朱　军）

【ECLIPS 5700 成像测井系统 ECLIPS 5700 image logging system】 贝克—阿特拉斯公司推出的成像测井系统系列，主机采用三台 HPC3600 计算机，并用以太网连接，分为遥传子系统、数据处理子系统、数据用户子系统，具有 230kbps 测井电缆高速数据遥传系统。系统的软件包是以分布式多任务处理的 UNIX 操作系统为基础，软件组成包括现场采集、数据输入输出、数据管理、资料分析处理、数据通信、表象管理和应用工具等 7 个部分（见图），保证测井和其他电缆作业的完成。该系统配接的测井下井仪器有核磁共振测井、数字声波测井、微电阻率扫描成像测井，井眼声波成像测井、正交多极子阵列声波测井、高分辨率感应测井、数字能谱测井、密度测井、补偿中子测井，双侧向测井、薄层电阻率测井、重复式电缆地层测试器、六臂地层倾角测井、扇区水泥胶结测井等仪器，以及常规裸眼井测井、套管井测井有关仪器，并兼容所有的 CLS 3700 数控测井仪挂接的测井下井仪器，能完成全套裸眼井、套管井测井和其他电缆作业。系统配套的解释软件（工作站）是 EXPRESS。

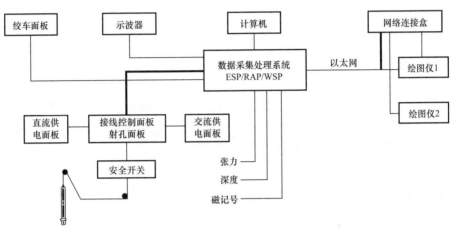

ECLIPS 5700 成像测井系统硬件配置框图

（李安宗　姜文达）

【MAXIS–500 成像测井系统　MAXIS–500 image logging system】　斯伦贝谢公司推出的成像测井系统，由传感器阵列、数字遥测系统、地面设备和解释工作站几部分组成。地面设备是三台以太网连接 MicroVaxIII+3000cpi 阵列处理器计算机测井系统，它是可以实现实时多任务处理的全冗余系统，且拥有智能接口，操作系统为 VMS，在井下采集的同时，可以收集、处理、显示、打印和传输数据。遥测系统采用 DTS 系统，传输速率可达 500kbps，并且兼容 CTS 传输系统。该系统配接的井下仪器有地层微电阻率扫描测井、偶极横波声波测井、超声波成像测井、阵列感应测井、地震成像、核孔隙度岩性、方位电阻率成像及 CSU 系列的测井仪。系统配套的解释软件（工作站）是 Geoframe。

（李会银）

【EXCELL 2000 成像测井系统　EXCELL 2000 image logging system】　哈里伯顿公司推出的全系列成像测井系统，是一种先进的综合性测井平台，能快速准确地采集数据，提供多种井眼成像，可以进行现场的资料处理。地面设备是两台 IBM RISC6000 工作站计算机测井系统，它是可以实现实时多任务处理的全冗余系统，且拥有智能接口，操作系统为 UNIX。遥测系统采用 DITS，以曼彻斯特格式传送数据，与其他通信短节采用 1553 总线连接，传输速率可达 217.6kbps，使用 PIO 接口面板，支持其他非 DITS 系统仪器。该系统配接的井下仪器有微电阻率成像、阵列声波、六臂倾角、高分辨率感应、声波扫描、自然伽马、选择式地层测试器。系统配套的解释软件是 DPP。

（李会银）

【LOG–IQ 成像测井系统 LOG–IQ image logging system】 哈里伯顿公司基于 WINDOWS 操作界面，可实现网络化实时数据采集、处理、绘图的综合测井系统。井下仪器与地面系统之间的数据采用 ADSL 传输，传输速率可高达 800Kbps；井下仪器之间采用新一代以太网通信协议，地面系统各面板采用 CAN 总线。具备远程联网能力，兼容性强，支持 INSITE 及 DITS 组合测井，具备 MRIL 和 RDT 测井的地面升级能力，同时支持套管井测井服务。如 RMT 储层监测仪、VDL、生产井、射孔、工程测井作业服务等。

（李会银）

【随钻测井系统 LWD system】 将测井仪器安装在靠近钻头的部位，在地层刚钻开后就测量地层信息的一种测井方法，通过测量地层倾角和方位、钻头方向、钻压、扭矩等，进行钻井导向控制，测量地层的电阻率、自然电位、自然伽马、密度 / 中子等。LWD 在钻井过程中测量地层岩石物理参数，通过随钻遥传系统将测量结果实时送到地面进行处理。由于当前数据传输技术的限制，大量的数据仍存储在井下仪器的存储中，起钻后回放。其测量结果克服了井眼、钻井液侵入等一系列环境条件的影响。随钻测井可实时提供地层和井深信息，对地层作出快速评价，优化井眼轨迹，指导钻进。

LWD 系统主要由硬件和软件两部分构成，硬件部分又分为井下工具和地面控制仪器两部分。井下工具主要由主阀总成、控制阀总成、无磁探管、过渡接头、多频电磁波电阻率、井斜、自然伽马等模块组成，无磁探管由主阀、控制阀、驱动模块、整流模块、存储器、电子连接接头等组成。测量结果转换为钻井液脉冲传送到地面，由解码程序解码成钻压、钻速、井斜角、方位角、工具面角等钻进参数和电阻率、自然伽马值等地层岩性参数。通过这些参数可以控制井眼轨迹、判断地层岩性。

地面控制仪器通常包括工控计算机、轴编码传感器、压力传感器、钩载传感器、安全控制箱、地面测试箱以及司钻读数器。工控主机采用高主频的中央处理器，大容量的 RAM，高速硬盘，及大容量的 ZIP 驱动器，并辅以外部移动存储设备，采用支持高速 USB 外部设备，以 Windows NT 服务器内核为系统核心的操作系统，通常搭载数据备份工控计算机。贝克休斯 NAVIMPR 随钻测井系统的 Advantage 软件系统以功能强大的 Microsoft SQL 数据库系统为基础，通过 Open Database Connectivity 数据源与数据库相互连接，有效地保证了数据的完整性和安全性。

（李会银）

【钻井液脉冲传输 drilling fluid pulse transmission】 利用井眼内的钻井液作为传输介质，通过钻井液脉冲进行信息传输，从而将井下仪器采集的数据传送到地面。钻井液传输系统借助钻井液的压力波传送信号，压力波是由井下的钻井液脉冲发生器产生的机械振动波，这些振动波通过钻井液传送到地面。地面的钻井液接收器接收脉冲信号，转换成比特电信号，从而实现测井数据的传输。根据工作方式不同，可分为三种类型：

负脉冲传输方式 通过开启一个泄流阀，使钻柱内的钻井液经泄流阀与钻铤上的泄流孔流到井眼环空，从而引起钻柱内部的钻井液压力降低，泄流阀的开、关由探管测量数据编码控制。地面通过检测立管压力的变化，解码恢复得到井下测量数据。

钻井液负脉冲传输方式具有信号稳定可靠等优点。但是由于钻井液负脉冲发生器对地层冲蚀破坏较强，会对井壁造成比较严重的破坏，对零部件冲蚀作用也比较强，而且耗电量较大，仪器的结构比较复杂，不利于组装、操作、维修，现在已经很少使用。

正脉冲传输方式 通过改变针阀与小孔的相对位置，即改变流道的截面积，从而引起钻柱内部的钻井液压力的升高，在地面通过连续地检测立管压力的变化，恢复原始的测量数据。钻井液正脉冲传输方式是目前随钻测量和随钻测井中使用最普遍、最稳定、最可靠的一种方法。钻井液正脉冲传输方式的下井仪器结构简单，操作、使用、维修方便，不需要专门的无磁钻铤。缺点是钻井液正脉冲传输信号数据传输速度较慢，不适合于传输大量的地质资料参数。

连续脉冲传输方式 转子在钻井液的作用下产生旋转，在转子的下部安装和转子相等叶片数量的定子，在旋转时转子的过流断面与定子的过流断面相对位置的变化产生连续的正弦压力波，在地面检测压力波形变化情况，并且通过译码、计算得到测量的数据。连续波脉冲发生器提高了工作的可靠性，环境的适应能力增强；具有比较高的传输速度，可以达到 5~10bit/s。

（李会银）

【电磁传输 electromagnetic transmission】 利用底部钻具组合的井下发射器来发射电磁波，电磁波可穿透岩层，将钻井和测井数据传输至地面，同时允许底部钻具组合与地表进行双向通信。其数据传输速率与常规钻井液脉冲传输速率近似，为6～15bit/s。在一些采用空气、泡沫等可压缩钻井流体的陆上钻井和欠平衡钻井中，钻井液脉冲传输技术无法应用，电磁传输技术不受此情况限制。电磁传输技术对钻井液类型无特定限制，但其作业范围和传输效果受信号衰减影响较大，深度、地层电阻率和传输频率等因素也会限制信号的穿透能力。电磁波传输的频率基本都是低频，在2～20Hz之间。这样也限制了电磁波信号传输的速率，使用这种方法传输的距离不能太大，不适合深井测量。

（李会银）

【**声波传输** acoustic transmission】 利用声波或地震波经过钻杆或地层来传输信号。井下数据的测试过程是将测试仪器和声波无线传输发射系统随钻杆或抽油泵下入井中，测量数据经编码后控制发射声波，声波沿钻杆柱或油管传输到地面，被安装在井口的声波接收探头接收，经处理恢复得到原始测量数据。

声波遥测能显著提高数据传输率，使无线随钻数据传输率提高1个数量级，达到100bit/s。声波遥测和电磁波遥测一样，不需要钻井液循环，实现方法简单、投资少。其缺点是衰减很快，受环境干扰大，井眼产生的低强度信号和由钻井设备产生的声波噪声使探测信号非常困难。由于信号在钻杆柱中传播衰减很快，所以在钻杆柱内每隔400～500m要装1个中继站，它的电路包括接收器、放大器、发射器和电源。要在钻杆柱内附加元件数量较多，需要让钻杆柱在很深的钻井条件下工作，使得声学信息通道式MWD系统使用起来很复杂，因而能使用的最大井深为3000～4000m。

（李会银）

【**网络化测井系统** networked logging system】 将分布在不同地理空间的传感器、控制器、执行器等控制系统部件，通过串行数据通信网络构成闭环的反馈控制系统。网络化测井系统可通过卫星通信、互联网或3G网络实施的远程控制和传输技术，实现全球无缝隙的宽带网络接入，实现总部对现场、现场对现场的技术支持和全球数据共享，帮助现场解决突发的技术问题。该系统网络拓扑结构由3个网络组成（见图1），地面设备和井下仪器网络具有自己的独立网段，这2个网络各自有1个路由网关，通过测井电缆传输系统相连，并形成第3个网络。每个网络的不同设备可以互相访问，为测井中的不同需求提供便利。

地面系统网络结构　地面系统以网络交换机为中心连接各种地面设备，形成星型的网络结构（见图2）。地面系统网络的网关位于地面遥传面板中，测井计算机下发的命令，经网络交换机到地面遥传面板的路由网关，通过电缆传输系统下发到井下仪器的路由网关，然后转发到相应的井下仪器；井下仪器执行地面下发的命令后，将仪器采集到的数据经井下网络路由网关、电缆传输、地面网络路由网关和网络交换机发送到地面计算机进行处理。地面系统的每个设备都是网络的一个节点，并具有唯一的 IP 地址，计算机通过相应的 IP 地址访问不同的地面设备，实现对每一地面设备的监控和配置。

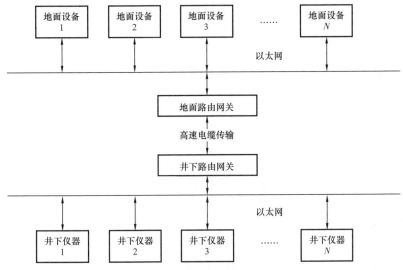

图 1　网络化测井系统结构示意图

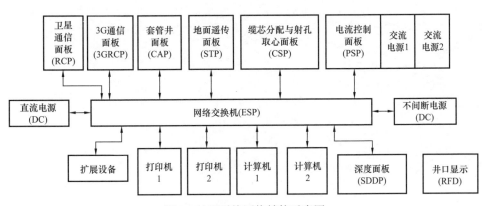

图 2　地面系统网络结构示意图

　　井下仪器网络结构　由井下仪器组成，各个井下仪器通过各自的以太网通信接口连接到以太网总线，从而形成井下系统的以太网网络系统。井下仪器各自具有唯一的 IP 地址，地面系统网络通过电缆测井传输系统和井下仪器网络相连，地面测井计算机可以通过 TCP/IP 协议对其进行访问，发送控制命令和接收数据。测井系统通过井下仪器网络并配合电缆传输系统，实现地面控制台与井下各仪器之间的信息交互，完成对油井的测试功能。井下仪器网络的主要功能是负责井下仪器数据的收集和转发，并通过电缆传输系统传送到地面控制台，需协调多台仪器和电缆数据传输系统的数据交换时序。

（李会银）

附　录

石油科技常用计量单位换算表

物理量名称及符号	法定计量单位名称及符号		非法定计量单位名称及符号		单位换算
	名称	符号	名称	符号	
长度 L	米 海里	m n mile	英寸	in	1in=25.4mm（准确值） 单位密耳（mil）或英毫（thou）有时用于代表"毫英寸"
			英尺	ft	1ft=12in=0.3048m（准确值） 1ft（美测绘）=0.3048006m
			码	yd	1yd=3ft=0.9144m
			英里	mile	1mile=5280ft=1609.344m（准确值） 1mile（美）=1609.347m
			密耳	mil	$1mil=2.54 \times 10^{-5}m$
			海里（只用于航程）	n mile	1n mile=1852m
			杆	rd	1rd=5.0292m
			费密		1 费密 $=10^{-15}m$
			埃	Å	$1Å=0.1nm=10^{-10}m$

续表

物理量名称及符号	法定计量单位名称及符号		非法定计量单位名称及符号		单位换算
	名称	符号	名称	符号	
面积 $A（S）$	平方米	m^2	平方英寸	in^2	$1in^2=645.16mm^2$（准确值）
			平方英尺	ft^2	$1ft^2=0.09290304m^2$（准确值）
			平方码	yd^2	$1yd^2=0.83612736m^2$（准确值）
			平方英里	$mile^2$	$1mile^2=2.589988km^2$ $1mile^2$（美测绘）$=2.589998km^2$
			英亩	acre	$1acre=4046.856m^2$ $1acre$（美测绘）$=4046.873m^2$
			公顷	ha	$1ha=10^4m^2$
体积 容积 V	立方米 升	m^3 L	立方英寸	in^3	$1in^3=16.387064cm^3$（准确值）
			立方英尺	ft^3	$1ft^3=28.31685L^3$（准确值）
			立方码	yd^3	$1yd^3=0.7645549m^3$（准确值）
			加仑	gal	$1gal$（英）$=277.420in^3=4.546092L$ （准确值）$=1.20095gal$（美） $1gal$（美）$=3.785412L$
			品脱（英） 液品脱（美）	pt liq pt	$1pt$（英）$=0.56826125L$（准确值） $1liq\ pt$（美）$=0.4731765L$
			液盎司	fl oz	$1fl\ oz$（英）$=28.41306cm^3$ $1fl\ oz$（美）$=29.57353cm^3$
			桶	bbl	$1bbl$（美石油）$=9702in^3=158.9873L$
			蒲式耳（美）	bu	$1bu$（美）$=2150.42in^3=35.23902L$ $=0.968939bu$（英）
			干品脱（美）	dry pt	$1dry\ pt$（美）$=0.5506105L^3$ $=0.968939pt$（英）
			干桶（美）	bbl	$1bbl$（美）（干）$=7056in^3=115.6271L$

物理量名称及符号	法定计量单位名称及符号		非法定计量单位名称及符号		单位换算
	名称	符号	名称	符号	
速度 u，v，w，c	米每秒 节	m/s kn	英尺每秒	ft/s	1ft/s=0.3048m/s（准确值）
			英里每小时	mile/h	1mile/h=0.44704m/s（准确值）
			英寸每秒	in/s	1in/s=0.0254m/s
加速度 a 重力加速度 g	米每二次方秒	m/s^2	英尺每二次方秒	ft/s^2	1ft/s²=0.3048m/s²（准确值）
质量 m	千克 （公斤） 吨	kg t	磅	lb	1lb=0.45359237kg（准确值）
			格令	gr	1gr=1/7000lb=64.78891mg（准确值）
			盎司	oz	1oz=1/16lb=437.5gr（准确值）=28.34952g
			英担	cwt	1cwt（英国）=1 长担（美国）=112lb（准确值）=50.80235kg 1cwt（美国）=100lb（准确值）=45.359237kg
			英吨	ton	1ton（英国）=1 长吨（美国）=2240lb=1.016047t 1ton（美国）=2000lb=0.9071847t
			脱来盎司或金衡盎司	oz（troy）	1oz（troy）=480gr=31.1034768g（准确值）
			［米制］克拉	metric carat	1metric carat=200mg（准确值）
体积质量， ［质量］密度 ρ	千克每立方米 克每立方厘米	kg/m^3 g/cm^3	磅每立方英尺	lb/ft^3	1lb/ft³=16.01846kg/m³
			磅每立方英寸	lb/in^3	1lb/in³=27679.9kg/m³ 1g/cm³=1000kg/m³
力 F	牛［顿］	N	达因	dyn	1dyn=10⁻⁵N（准确值）
			磅力	lbf	1lbf=4.448222N
			千克力	kgf	1kgf=9.80665N（准确值）
			吨力	tf	1tf=9.80665×10³N

物理量名称及符号	法定计量单位名称及符号		非法定计量单位名称及符号		单位换算
	名称	符号	名称	符号	
力矩 M	牛［顿］米	N·m	英尺磅力	ft·lbf	1ft·lbf=1.355818N·m
			千克力米	kgf·m	1kgf·m=9.80665N·m（准确值）
压力，压强 p	帕 兆帕	Pa MPa	标准大气压	atm	1atm=101325Pa（准确值）
			工程大气压	at	1at=1kgf/cm^2=0.967841atm =98066.5Pa（准确值）
			磅力每平方英寸	lbf/in^2（psi）	1lbf/in^2=6894.757Pa
			千克力每平方米	kgf/m^2	1kgf/m^2=9.80665Pa（准确值）
			托	Torr	1Torr=1/760atm=133.3224Pa
			约定毫米水柱	mm H$_2$O	1mm H$_2$O=10^{-4}at=9.80665Pa （准确值）
			约定毫米汞柱	mm Hg	1mm Hg=13.5951mm H$_2$O =133.3224Pa
［动力］黏度 μ	帕秒	Pa·s	泊	P	1P=0.1Pa·s（准确值）
			厘泊	cP	1cP=10^{-3}Pa·s
			千克力秒每平方米	kgf·s/m^2	1kgf·s/m^2=9.80665Pa·s
			磅力秒每平方英尺	lbf·s/ft^2	1lbf·s/ft^2=47.8803Pa·s
			磅力秒每平方英寸	lbf·s/in^2	1lbf·s/in^2=6894.76Pa·s
运动黏度 ν	米二次方每秒	m^2/s	斯［托克斯］	St	1St=10^{-4}m^2/s（准确值）
			厘斯	cSt	1cSt=10^{-6}m^2/s
			二次方英尺每秒	ft^2/s	1ft^2/s=0.09290304m^2/s
			二次方英寸每秒	in^2/s	1in^2/s=6.4516×10^{-4}m^2/s

续表

物理量名称及符号	法定计量单位名称及符号		非法定计量单位名称及符号		单位换算
	名称	符号	名称	符号	
能量 $E(W)$ 功 $W(A)$	焦［耳］ 千瓦 ［小］时	J kW·h	尔格	erg	1erg=1dyn·cm=10^{-7}J（准确值）
			英尺磅力	ft·lbf	1ft·lbf=1.355818J
			千克力米	kgf·m	1kgf·m=9.80665J（准确值）， 1J=1N·m
			英马力小时	hp·h	1hp·h=2.68452MJ
			电工马力小时		1 电工马力小时 =2.64779MJ
功率 P	瓦［特］	W	英尺磅力每秒	ft·lbf/s	1ft·lbf/s=1.355818W
			马力	hp	1hp=745.6999W
			［米制］马力	metric hp	1metric hp=735.49875W（准确值）
			电工马力		1 电工马力 =746W
			卡每秒	cal/s	1cal/s=4.1868W
			千卡每小时	kcal/h	1kcal/h=1.163W
			伏安	V·A	1V·A=1W
			乏	var	1var=1W
热力学温度 T 摄氏 温度 t	开 ［尔文］ 摄氏度	K ℃	兰氏度	°R	1°R=$\frac{5}{9}$K
			华氏度	°F	$\frac{t_F}{°F}=\frac{9}{5}\frac{t}{℃}+32=\frac{9}{5}\frac{T}{K}-459.67$
热，热量 Q	焦［耳］	J	英制热单位	Btu	1Btu=778.169ft·lbf=1055.056J
			15℃卡	cal_{15}	1cal_{15}=4.1855J
			国际蒸汽表卡	cal_{IT}	1cal_{IT}=4.1868J 1$Mcal_{IT}$=1.163kW·h（准确值）
			热化学卡	cal_{th}	1cal_{th}=4.184J（准确值）
热流量 Φ	瓦［特］	W	英制热单位 每小时	Btu/h	1Btu/h=0.2930711W

续表

物理量名称及符号	法定计量单位名称及符号		非法定计量单位名称及符号		单位换算
	名称	符号	名称	符号	
热导率（导热系数）λ（κ）	瓦［特］每米开［尔文］	W/（m·K）	英制热单位每秒英尺兰氏度	Btu/（s·ft·°R）	1Btu/（s·ft·°R）=6230.64W/（m·K）
			卡每厘米秒开尔文	cal/（cm·s·K）	1cal/（cm·s·K）=418.68W/（m·K）
			千卡每米小时开尔文	kcal/（m·h·K）	1kcal/（m·h·K）=1.163W/（m·K）
			英热单位每英尺小时华氏度	Btu/（ft·h·°F）	1Btu/（ft·h·°F）=1.73073W/（m·K）
传热系数 K（k）表面传热系数 h（α）	瓦［特］每平方米开［尔文］	W/（m²·K）	英制热单位每秒平方英尺兰氏度	Btu/（s·ft²·°R）	1Btu/（s·ft²·°R）=20441.7W/（m²·K）
			卡每平方厘米秒开尔文	cal/（cm²·s·K）	1cal/（cm²·s·K）=41868W/（m²·K）
			千卡每平方米小时开尔文	kcal/（m²·h·K）	1kcal/（m²·h·K）=1.163W/（m²·K）
			英热单位每平方英尺小时兰氏度	Btu/（ft²·h·°R）	1Btu/（ft²·h·°R）=5.67826W/（m²·K）
热扩散率 a	平方米每秒	m²/s	平方英尺每秒	ft²/s	1ft²/s=0.09290304m²/s（准确值）
质量热容，比热容 c 质量定压热容，比定压热容 c_p 质量定容热容，比定容热容 c_V 质量饱和热容，比饱和热容 c_{sat}	焦［耳］每千克开［尔文］	J/（kg·K）	英制热单位每磅兰氏度	Btu/（lb·°R）	1Btu/（lb·°R）=4186.8J/（kg·K）（准确值）

续表

物理量名称及符号	法定计量单位名称及符号		非法定计量单位名称及符号		单位换算
	名称	符号	名称	符号	
质量熵，比熵 s	焦［耳］每千克开［尔文］	J/($kg \cdot K$)	英制热单位每磅兰氏度	Btu/($lb \cdot °R$)	1Btu/($lb \cdot °R$)=4186.8J/($kg \cdot K$)（准确值）
质量能，比能 e 质量焓，比焓 h	焦［耳］每千克	J/kg	英制热单位每磅	Btu/lb	1Btu/lb=2326J/kg（准确值）
电流 I 交流 i	安［培］	A	毫安	mA	1mA=10^{-3}A
电压，电位 U 电动势 E	伏［特］	V			1V=W/A
电容 C	法［拉］	F			1F=1C/A
电荷 Q	库［仑］	C			1C=1A·s 1A·h=3.6kC（用于蓄电池）
磁场强度 H	安［培］每米	A/m			
磁通量 Φ	韦［伯］	Wb			1Wb=1V·s
渗透率 K	二次方微米 毫达西	μm^2 mD	达西	D	1D=$1\mu m^2$（准确值） 1mD=1×10^{-3}D
物质浓度 c	摩［尔］每立方米 摩［尔］每升	mol/m^3 mol/L	体积摩尔浓度	M	1M=1mol/L =1000mol/m^3

条目汉语拼音索引